绿色建筑中浅层地温能开发利用策略与实践

毛维薇 著

汕頭大學出版社

图书在版编目（CIP）数据

绿色建筑中浅层地温能开发利用策略与实践 / 毛维薇著. -- 汕头 : 汕头大学出版社, 2024.8. -- ISBN 978-7-5658-5414-9

Ⅰ. TU201.5; P314

中国国家版本馆 CIP 数据核字第 2024DP3682 号

绿色建筑中浅层地温能开发利用策略与实践

LÜSE JIANZHU ZHONG QIANCENG DIWENNENG KAIFA LIYONG CELÜE YU SHIJIAN

著　　者：毛维薇
责任编辑：汪艳蕾
责任技编：黄东生
封面设计：寒　露
出版发行：汕头大学出版社
　　　　　广东省汕头市大学路 243 号汕头大学校园内　邮政编码：515063
电　　话：0754-82904613
印　　刷：定州启航印刷有限公司
开　　本：710 mm×1000 mm　1/16
印　　张：16.25
字　　数：220 千字
版　　次：2024 年 8 月第 1 版
印　　次：2024 年 8 月第 1 次印刷
定　　价：98.00 元
ISBN 978-7-5658-5414-9

前 言

随着全球气候变化形势和能源危机日益严峻，绿色建筑和可再生能源的开发利用已经成为全球关注的焦点。现代社会越来越重视环保和可持续发展，优秀的绿色建筑项目不仅要具有实用性和经济性，还必须具有环保效益和可持续性。随着人们对环境质量要求的提高，浅层地温能作为一种清洁、可再生的能源，在绿色建筑中的应用也越来越受到重视。此外，有效利用浅层地温能有利于提升国家的能源安全和独立性，从而提高综合竞争力。

本书以浅层地温能在绿色建筑中的应用为核心，对浅层地温能开发利用技术和策略进行了梳理，介绍了绿色建筑中浅层地温能开发利用策略。2021 年，中华人民共和国住房和城乡建设部发布了《绿色建筑标识管理办法》（建标规〔2021〕1 号），2022 年又发布了《“十四五”建筑节能与绿色建筑发展规划》（建标〔2022〕24 号）；2022 年，中华人民共和国国家发展和改革委员会、国家能源局发布了《国家发展改革委 国家能源局关于完善能源绿色低碳转型体制机制和政策措施的意见》（发改能源〔2022〕206 号）。这些政策强调了在建筑领域内浅层地温能利用的重要地位。在建立环保意识和可持续发展观念的时代背景下，全民的环保意识不断提升，人们更愿意去认识并利用这一绿色能源。在政策的支持下，我国的绿色建筑和浅层地温能利用也逐渐发展起来。因此，本书对绿色建筑中浅层地温能开发利用策略与实践进行研究，以期为该领域的发展做出贡献。

本书有以下特点：首先，本书将最新的理论研究成果与实际案例相结合，使读者能够清晰地了解到当前绿色建筑中浅层地温能利用的前沿动态。其次，本书在结构上进行了精心的设计，既有对理论的阐述，又有对案例的分析，使读者在阅读过程中能够循序渐进地、系统地掌握浅层地温能在绿色建筑中应用的知识。最后，本书从多个角度对浅层地温能的利用进行了探讨，包括资源评估、技术选择、系统设计、政策支持等，使读者能够全面了解浅层地温能在绿色建筑中的应用。

本书观点客观、剖析全面、通俗易懂，将理论和实践相结合，既适合专业人士阅读，又适合对浅层地温能的利用感兴趣的普通读者。由于笔者水平有限，书中难免存在不足之处，恳请读者批评指正。

目　录

第1章　浅层地温能概述

本章旨在全面介绍浅层地温能的基本概念、主要特点以及其在自然环境中的赋存条件。浅层地温能作为一种可再生能源，在全球能源结构中占据越来越重要的位置。[①] 通过对其基本理论的阐述，本章将为读者揭示浅层地温能的形成机理、存在形式以及影响其有效利用的关键因素。随着技术的进步和人们环境保护意识的增强，可再生能源的开发变得日益重要，了解和掌握浅层地温能的基本知识，对于推动其在绿色建筑中的应用具有重要意义。此外，本章还将探讨影响浅层地温能开发的地质和气候因素，为后续章节中的技术应用和案例分析奠定坚实的理论基础。

1.1　基本概念及特点

本节将详细介绍浅层地温能的定义和核心特征，为读者提供一个清晰的概念框架。浅层地温能是地球浅表层中储存的热能，其来源主要是地球内部的地热流和太阳辐射能。本节将探讨浅层地温能与其他类型地

① 卫万顺，郑桂森，冉伟彦，等. 浅层地温能资源评价 [M]. 北京：中国大地出版社，2010: 16–35.

热能的区别，阐明其可再生性和环境友好性特点。此外，本节也将介绍浅层地温能的可持续利用前景，介绍其在节能减排和减少温室气体排放中的潜在价值。通过对这些基本概念和特点的理解，读者可以更好地认识到浅层地温能在现代绿色建筑设计中应用的重要性。

1.1.1 浅层地温能

浅层地温能并非传统意义上的地热能。地热能通常指地球内部的热能，而地球的热源可以分为外部热源和内部热源。

外部热源主要包括太阳辐射热、潮汐摩擦热和其他外部热源。太阳辐射热控制着大气层、水圈、生物圈及岩石圈中发生的各种生物作用、化学作用及其他作用，地球表面及近地表处的温度场主要取决于太阳辐射热和内部热源的均衡。潮汐摩擦热也被称为潮汐摩擦能，是由于地球自转和月球引力作用所引起的潮汐现象，导致地球内部物质的摩擦生热，这种能量虽然较少，但在全球能量平衡中仍占有一席之地。

地球的内部热源主要由放射性衰变热、地球转动热以及外成－生物作用释放的热能构成。放射性衰变热是地球内部岩石和矿物中具有足够丰度、生热率较高、半衰期与地球年龄相当的放射性元素在衰变过程中产生的巨大能量，它构成了地球的主要热源。地球转动热则是由于地球及其外壳物质密度的不均匀分布和地球自转时角速度的变化，引起岩层水平位移和挤压而产生的机械能，相较之下，地球转动热在地球内部热源中居于次要地位。外成－生物作用产生的热量通常称为化学反应热和化学能，是地球中经常起作用的热源之一。

放射性衰变热是地球内部的主要热源。地球内部的岩石和矿物中含有大量放射性元素，如铀、钍和钾等，这些元素在衰变过程中会释放出大量的热能。这种热能不仅驱动地壳运动和板块构造，还对地球内部的热对流和岩浆活动产生重要影响。地球转动热是由地球自转引起的，这种热能较少。化学反应热和化学能则是通过外成－生物作用产生的。这

种能量来源于地球内部和外部的化学反应，如岩石风化、生物降解和有机物分解等过程。这些化学反应释放出的热量在地球热能平衡中也扮演着重要角色。

地球内部热源和外部热源的相互作用，塑造了地球表面及近地表的热分布状态。《地热资源地质勘查规范》（GB/T 11615—2010）给出了地热资源的定义，将地热资源视为在当前技术经济条件下，地壳内可供开发利用的地热能、地热流体及其有用组分。在这一定义框架下，浅层地温能被纳入了广义的地热资源概念之中。

地热资源的概念源于自然出露的温泉和地球的火山活动等现象。人们习惯将储存于地下岩石和岩石孔隙、裂隙中的天然热能称为地热资源。这部分储存于地下、具有一定质量和数量、可供开发利用的热能是地热资源的主要组成部分。地热资源的开发利用经历了不同的阶段和发展变化。广义的地热资源包括了变温带中的地温能资源、浅层地热资源以及地热异常区和深部热储中的地热资源。变温带中的地温能资源位于地下表层，深度一般小于 30 m，地热主要来自地球深部的热传导和太阳光的辐射。其温度受年气温变化的影响，一般低于当地年平均气温。浅层地热资源位于常温层之下，较经济的开采深度一般小于 200 m。地热主要来自地球深部的热传导，温度略高于当地年平均气温 2 ～ 3℃，比较恒定。这部分资源储存于地下岩石和岩石裂隙或土层孔隙的水体中，可通过水热交换方式利用其部分低品位地热资源，用于供暖或空调等。地热异常区和深部热储中的地热资源分布于地热异常区和隐伏于地下深部热储中，是具有开采经济价值的高品位地热资源。地热来自地球深部的热传导和热对流，储存于地下岩石和岩石裂隙或土层孔隙的水体中。这些资源的温度随深度的增大或靠近地热异常区而增加，且大于 25 ℃。目前可利用的地热资源主要是深度小于 4 000 m 的资源，可以通过钻井直接开采地下热水进行利用。

浅层地温能是存在于传统地热盖层中的低温传导热。与传统地热相比，浅层地温能的特点是温度相对较低，主要来源于地球深部的热传导，而非对流热。尽管浅层地温能的应用前景广阔，但在理论研究方面仍存在着相当大的争议。目前，主要存在两种学术派别对于浅层地温能的理论进行探讨。一种观点认为，根据地球大气温度和地温全年恒定的事实，可以从理论上证明，地球吸收的太阳能最终以红外长波的形式全部辐射到宇宙中。这种观点认为，太阳能只会影响岩土层的变温带，其深度仅为 30 m 左右。因此，0 ～ 200 m 地下岩土恒温层被认为是地心热耗散流动过程中形成的温度场。这种理论认为，从岩土层中提取的热量是其蓄热，而并非再生迅速、取之不竭、用之不尽的太阳能。另一种观点则认为，浅层地温能是一种可以开发利用的可再生能源。这种观点强调了地球深部热传导的重要性，并认为地球的热能是由地球内部的热传导和外部热源共同作用而形成的。虽然浅层地温能的温度相对较低，但通过适当的技术手段，仍然可以有效利用浅层地温能，将其作为能源使用。例如，利用地热泵技术可以将浅层地温能用于供暖或制冷等。这两种观点的存在说明了对于地球内部热能的理论仍然存在着较大的争议。尽管人们对浅层地温能的认识不足，但随着技术的不断进步和能源需求的增长，对于这一领域的研究和开发仍然具有重要意义。

针对上述观点，笔者认为浅层地温能实际上是蕴藏在浅层岩土体和地下水中的低温地热资源。地热能的来源有两个途径，一个是来自地球外部的太阳辐射在地表以下 15 ～ 20 m，由于受到太阳辐射的影响，温度呈现昼夜、年份，甚至更长周期的变化，这部分热能被称为外热；另一个是来自地球内部的热量，在达到一定的深度时，太阳辐射的影响逐渐减弱并最终消失，此时太阳辐射与地球内热之间达到平衡状态，形成了温度的年变化幅度接近于零的恒温带。恒温带的厚度通常为 10 ～ 20 m，随着温度的不同而异。它在某种程度上反映了地壳浅层地温场的状况，同时也是评价和预测地壳深部地温的基本参数之一。在恒温带以下，地温场完全受地球内部热能控制，随着深度的增加，地温逐渐

增高，其热量主要来源于地球内部的热能，这一层被称为增温带。[①]

中纬度地区的变温带指的是地壳表层大约 15 m 以上的部分。在这个范围内，温度受到太阳辐射的影响而呈现出明显的季节性变化特点。在冬季，由于地表温度降低，近地表的变温带温度呈现出正梯度，即越靠近地表，温度越低；而在夏季，受到太阳辐射的影响，浅部温度则呈现负梯度，即越靠近地表，温度越高，热流向下传导。这种季节性变化的原因在于岩土体的热导率相对较小，太阳辐射的周期性影响使地壳表层温度发生周期性变化。虽然太阳辐射的能量巨大，但由于地球岩土的热导率有限，太阳辐射产生的热量并不能传导到地壳的深部。因此，在地表以下 30 ～ 100 m，温度的变化幅度约为 2 ℃，属于正常的增温范围。这种变温带的存在对地球表层的生物和环境有着重要的影响。在冬季，地表温度的降低使近地表温度下降，可能影响到地表生物的生长和活动；在夏季，地表温度的升高使近地表温度上升，可能增加土壤水分蒸发量和植被蒸腾量，影响土壤湿度和植物生长的水分条件。

通过前面的论述，可知浅层地温能是一种蕴藏在地壳浅部变温带以下一定深度范围内的低温地热资源。相较于深层地热，浅层地温能具有一些独特的特点：首先，它受太阳辐射的影响程度相对较小，主要受地球内部热能的影响，因此其温度相对稳定，通常为 10 ～ 25 ℃。其次，浅层地温能分布广泛，可以迅速再生，实现循环利用，这使其在当前技术条件下具备了开发利用的价值。由于浅层地温能的特点，不同地方在冬季和夏季都可以利用其相对恒定的温度进行能源利用。在冬季，可以利用地下恒定温度相对较高的特点，通过地热泵等将地下的热能转化为供暖能源，从而减少对传统能源的依赖，降低能源消耗成本。而在夏季，可以利用地下恒定温度相对较低的特点，将建筑物内的热量通过地热泵

① 北京市地质矿产勘查开发局，北京市地质勘察技术院．北京浅层地温能资源 [M]. 北京：中国大地出版社，2008: 36–41.

等设备输送到地下，实现空调效果，从而降低空调系统的能耗，提高能源利用效率。浅层地温能分布广泛且利用方便，可以作为一种具有巨大潜力的可再生能源使用。相比于其他能源，浅层地温能的开发利用具有较低的环境影响和较高的可持续性，可以有效地减少温室气体排放，减少对环境的污染。因此，对于地热能的研究和开发利用具有重要的意义，可以为能源结构的调整和环境保护提供有力支持。

1.1.2 资源特点

1. 能够与热泵技术紧密结合给建筑物供暖和制冷

浅层地温能与地源热泵技术的紧密结合为建筑物的供暖和制冷提供了一种高效可行的解决方案。通过地源热泵技术，利用地下常温土壤或地下水的相对稳定温度特性，可以将少量的高品位电能输入系统，将低品位热能转移至高品位，从而实现建筑物的供暖和制冷。这种技术的效能比可达到 3，经济上较为合算，每建筑平方米的投资约为 250 至 380 元，比起使用燃气锅炉和空调系统等降低了 20% 至 30%，因此几年内即可收回设备的初始投资。运用地源热泵技术是一种环保而有效的能源利用方式。通过利用地下常温土壤或地下水的恒定温度，地源热泵系统可以在冬季从地下提取地热进行供暖，在夏季将建筑内部的热量输送至地下，达到制冷目的。这种双向利用地下温度的方式不仅可以满足建筑物不同季节的需求，还可以有效地减少对传统能源的依赖，减少温室气体的排放，降低对环境产生的影响。除了经济上的可行性，地源热泵技术还具有较高的可靠性和稳定性。由于地下温度相对稳定，地源热泵系统在运行过程中可以保持较高的能效比，并且减少了受外部气候变化影响的可能性。[①] 这种稳定的运行状态使地源热泵系统能够长期稳定地为建筑

① 丁勇，李百战. 重庆地区地源热泵系统技术应用 [M]. 重庆：重庆大学出版社，2012: 57–70.

物供暖或制冷。

2. 可循环再生

浅层地温能的可循环再生特性使其成为一种重要的能源资源。其能量主要来源于地球内部的热能，尽管少部分也来自太阳辐射能，但这两种能源相对人类历史来说都是可再生资源。从利用浅层地温能资源的角度来看，可以实现全年循环利用的模式。在冬季，人们可以通过地源热泵等技术手段从地层中提取热量，用于建筑物的供暖。这样，地下的热能可以被有效利用，满足冬季供暖的需要。在夏季，建筑物内部的热量可以通过地源热泵系统等方式输送到地下，储存于地层中。这样，不仅可以调节地下的温度，还可以储存地下热能，为之后的供热提供条件。通过这样的循环利用过程，全年中建筑物冬季采暖所需的热量与来自地球深部的热传导以及夏季储存的热量实现了一种平衡状态。这意味着浅层地温能可被持续地循环利用，而不会因为能量消耗而枯竭。这种可持续的循环再生特性使得浅层地温能成为一种可靠的能源选择，有助于减少对传统能源的依赖，促进能源可持续发展。浅层地温能的循环再生特性还有助于降低对环境的影响。通过减少对传统能源的需求，可以有效地减少温室气体的排放，减少对环境的污染，推动生态环境的改善。这对于应对气候变化、保护生态环境具有积极的意义。

3. 储量巨大

浅层地温能储量巨大。根据专家的测算，我国地下近百米内的土壤和地下水中所蕴藏的低温能量令人惊叹。据统计，每年可采集的低温能量相当于我国目前发电装机容量的数千倍。就土壤而言，近百米内的土壤蕴含着巨大的低温能量。这些能量主要来源于地球内部的热能传导，少量来自太阳辐射的能量。据测算，每年可采集的低温能量相当于我国目前发电装机容量的 3 750 倍。这一数字之大令人震惊，同时展示了浅层地温能作为一种潜在的能源资源的巨大潜力。地下水也储备着巨大的低温能量。地下水深处的温度相对稳定，具有较高的地热能量。据统计，百米内地下水每年可采集的低温储备达到了数千千瓦。这么大的储量意味着浅层地温能具有巨大的开发潜力。通过有效利用这些储量，可以实现对建筑物的供暖和制冷，为工业生产和生活提供可靠的能源支持。与传统能源相比，浅层地温能更稳定，具有可持续性，有助于实现能源结构的转型升级，推动我国能源产业向更加清洁和可持续的方向发展。要充分发挥浅层地温能的潜力，还需要加大技术研发和推广应用的力度。地源热泵技术等方面的创新和发展有助于进一步提升浅层地温能的利用效率和经济性。同时，政府部门和企业应该加大对开发利用浅层地温能的支持，为浅层地温能的开发利用创造更好的条件。

4. 可就近利用

浅层地温能作为一种蕴藏在地壳浅部的自然资源，具有许多独特的优点，其中最显著的就是其可就近利用。这使浅层地温能成为一种理想的绿色环保能源。浅层地温能可就近利用意味着能够在能源需求较大的城市和工业区域附近开发利用浅层地温能，从而减少了能源输配等过程中的能量损耗。这不仅降低了能源的成本，还减少了对环境的影响，促进了能源的高效利用。浅层地温能的利用基本上不会产生环境污染。与传统能源开采和利用过程中产生的大量污染物不同，浅层地温能的开发利用几乎不会产生排放物，不会对大气、水体和土壤等造成负面影响，有利于维护生态环境的健康和稳定。浅层地温能的使用非常方便。地源热泵等技术设备的安装和维护相对简单，不需要大规模的土地开发或水资源调配，也不会对周边居民生活造成干扰。这种方便的利用方式使得浅层地温能成为一种广泛适用于城市和乡村的清洁能源。浅层地温能的利用基本不受地域限制，无论是在北方寒冷地区，还是在南方温暖地带，都可以开发利用浅层地温能。这种灵活性使浅层地温能在全国范围内都具有广阔的应用前景，有助于实现能源的多元化利用和可持续发展。

1.2　浅层地温能开发利用的影响因素

浅层地温能的开发利用受到多种因素的影响，这些因素涵盖宏观地质、水文地质、技术创新以及社会经济发展等方面。理解这些影响因素对于科学有效地开发利用浅层地温能至关重要。从宏观地质角度来看，地球的天然温度场分布、水圈、大气圈以及太阳等因素对浅层地温能的分布和利用具有重要影响。地球构造板块的活动性、地球的纬度、水循环和大气循环等因素会直接影响地温的高低。这些因素的综合作用形成了地球的温度分布格局，影响着浅层地温能的获取和利用。[①] 微观区域地质条件也对浅层地温能的开发利用有着重要影响。当地的地层沉积组合、岩性特征等因素都会影响浅层地温能的分布和利用。尤其是岩土体的结构以及其综合物理和热物理性质，对于浅层地温能的获取和利用具有决定性作用。除了地质因素外，技术创新也是浅层地温能资源开发利用的重要因素。随着热泵技术等相关技术的不断进步和应用，浅层地温能得到了更好的开发利用。新技术的应用可以提高浅层地温能的开采效率和利用效益，推动清洁能源的发展和利用。社会经济发展水平也会对浅层地温能的开发利用产生影响。随着社会经济的发展，人们对于节能减排、环境保护以及可再生能源的需求不断增加。这种需求的增加推动了对浅层地温能等清洁能源的开发利用，促进了清洁能源产业的发展。

1.2.1　岩土体的一些基本物理、热物理性质

1. 岩石的主要物理性质

天然岩石受地质环境的制约，常常表现为不均一性和各向异性的特

① 卫万顺 . 中国浅层地温能资源 [M]. 北京 : 中国大地出版社 , 2010: 16–70.

点，在分析判别岩石的热物理性质时岩石的物理性质是基础。[①]

（1）比重：岩石的固体颗粒重量与其同体积水在 4 ℃时的重量之比称为岩石的比重（Δ）。

$$\Delta = \frac{W}{V_s \cdot r_\omega} \tag{1-1}$$

式中：W——绝对干燥时岩石的重量（kg）；

V_s——岩石干燥重为 W 时其中固体颗粒的体积（m^3）；

r_ω——水在 4℃时的容重（kg/m^3）。

（2）容重：岩石单位体积的重量称为容重。根据不同的含水状态，容重分为干容重、天然容重和饱和容重三种。

常用干容重（r_d）作为容重的评价指标（单位：kg/m^3）：

$$r_d = \frac{G}{V} \tag{1-2}$$

式中：V——岩石体积（m^3）；

G——岩石的重量（kg）。

（3）空隙度：岩石的孔隙体积与岩石的总体积的百分率（n）为

$$n = \frac{V_\delta}{V} \tag{1-3}$$

式中：V_δ——岩石孔隙体积（m^3）；

V——岩石总体积（m^3）。

（4）孔隙比：岩石中孔隙体积和岩石固体颗粒体积之比称孔隙比（ξ）。孔隙比 ξ 可由孔隙度直接计算求得：

$$\xi = \frac{n}{1-n} \tag{1-4}$$

---

① 万明浩，秦顺亭，起风梧，等．岩石物理性质及其在石油勘探中的应用 [M]. 北京：地质出版社，1994: 55–82.

2. 土的主要物理性质

（1）土的重量和含水量：常常要测试土的比重 Δs，天然容重 γ，干容重 r_d 和天然含水量 ω。

（2）土的分类。可按颗粒大小，对碎石土、砂土和黏性土分类，结果如表 1–1、表 1–2 所示。

（3）土的水理性质：土与水相互作用呈现的一系列性质，包括土的塑性、膨胀性、收缩性等。

表1–1　碎石土分类

土的名称	颗粒形状	颗粒级配
漂石、块石	圆形及亚圆形为主、棱角形为主	粒径大于 200 mm 的颗粒超过全重的 50%
卵石、碎石	圆形及亚圆形为主，三角形为主	粒径大于 20 mm 的颗粒超过全重的 50%
圆砾、角砾	圆形及椭圆形为三角形为主	粒径大于 2 mm 的颗粒超过全重的 50%

表1–2　砂土与黏性土分类

土的类别及名称		划分标准	
		按塑性指数 Ip	按颗粒组成百分数
黏性土	黏土	Ip >7	—
	粉质黏土	10< $Ip \leqslant 17$	—
粉性土	黏质粉土	$Ip \leqslant 10$	粒径小于 0.005 mm 的颗粒含量超过全重的 10%，小于等于全重的 15%
	砂质粉土	—	粒径小于 0. 005 mm 的颗粒含量小于等于全重的 10%

续　表

土的类别及名称		划分标准	
		按塑性指数 *Ip*	按颗粒组成百分数
砂土	粉砂	—	粒径大于 0.074 mmn 的颗粒含量占全重的 50% ～ 85%
	细砂	—	粒径大于 0.074 mm 的颗粒含量超过全重的 85%
	中砂	—	粒径小于 0.25 mm 的颗粒含量超过全重的 50%
	粗砂	—	粒径大于 0.5 mm 的颗粒含量超过全重的 50%
	砾砂	—	粒径大于 2 mm 的颗粒含量占全重的 25% ～ 50%

注：①对砂土定名时，应根据粒径分组，从大到小由最先符合者确定：当其粒径小于 0.005 mm 的颗粒含量超过全重的 10% 时，按混合土定名，如“含黏性土细砂”等。

②砂质粉土的工程性质接近粉砂。

③黏质粉土的定名（或 *Ip*<12 的低塑性土），当按 *Ip* 定名与颗分定名有矛盾时，应以颗分定名为准。

④塑性指数的确定，液限以 76 g 圆锥仪覆土深度 10 mm 为准；塑限以搓条法为准。

⑤对有机质含量 $Q>5\%$ 的土，$5\%<Q\leq 10\%$ 时，定为有机质土；$10\%<Q\leq 60\%$ 时，定名为泥炭质土；$Q>60\%$ 时，定名为泥炭土。

岩石的物理性质受到内部因素和外部因素的共同影响。内部因素主要包括岩石的矿物成分、结构构造以及孔隙充填物的物理性质。岩石的矿物成分影响了其化学组成和晶体结构，从而影响了其物理性质，如硬度、密度和导电性等。不同矿物的硬度、密度和导电性各不相同，因此岩石的整体物理性质也有所不同。岩石的结构构造，如岩层的层理、节理和裂隙等，也会影响岩石的物理性质，如岩石的抗压强度和渗透性等。孔隙充填物的物理性质则影响了岩石的孔隙度和渗透性等。外部因素则

主要指岩石所处的环境条件，包括温度、压力和埋深等。温度和压力会影响岩石物理性质的稳定性和变化程度。温度的升高会导致岩石的热胀冷缩，影响其体积稳定性和力学性质。压力的增加则会影响岩石的密实度和抗压强度等物理性质。随着埋深的增加，温度和压力也会相应增加，从而影响岩石的物理性质。

3. *岩石的主要热物理性质*

目前，关于岩土体的热物理性质的研究尚缺乏系统的资料，通常由岩石的热物理性质代替，而岩土体通常比单一岩石要复杂得多。在地壳岩石的各种热物理性质中，最重要的是岩石的导热系数或热导率（λ）、岩石热阻系数或热阻率（ξ）、岩石比热容（C）、岩石热容量（C_ρ）及岩石温度传导系数或热扩散系数（a）。

（1）岩石的导热系数或热导率（λ）反映岩石导热能力的大小，即沿热流传递的方向单位长度（l）上温度（e）降低 1 ℃时单位时间（T）内通过单位面积（s）的热量（Q）。按傅立叶定律，在热流量一定的条件下，通过热传导作用所流经的物质的热导率与温度梯度成反比，可用下式表示：

$$\lambda = \frac{Q}{\frac{\Delta i}{\Delta l}} \cdot S \cdot \tau \tag{1-5}$$

式中：λ——导热系数（W/(m·℃)）；

Q——热量（J）；

i——热流通过的截面积（m^2）；

l——沿热流传递的方向单位长度（m）；

S——单位面积（m^2）；

τ——时间（s）。

岩石的热导率在数值上等于单位温度梯度下，单位导热面积上的导热速率。它反映物质导热能力的大小（热阻力的倒数），通常用实验测定。

岩石的热导率取决于岩石的成分、结构、湿度、温度及压力等条件，即热导率是与密度、温度、压力等有关的函数，其表达式为 $\lambda=\lambda(\rho,t,P\cdots)$。

岩石的热导率是反映岩石导热性能的指标，其大小会受到多种因素的影响。一般而言，岩石的热导率随着压力、密度和湿度的增加而增高。这是因为压力和密度的增加会使岩石结构更加紧密，分子之间的距离减小，导致热量传递更为迅速。湿度的增加会增加岩石孔隙中水分子的数量，水分子具有较高的热导率，因此岩石的总体热导率也会增加。然而，岩石的热导率会随着温度的增加而降低。这是因为随着温度的升高，分子运动更加剧烈，热量传递受到的阻力增加，导致热导率降低。除了以上因素外，岩石的矿物成分、孔隙度和湿度等也会对其热导率产生影响。不同的矿物成分具有不同的热导率，因此岩石的总体热导率也会受到矿物成分的影响。孔隙度和湿度是影响岩石热导率的重要因素之一。一般来说，孔隙度增加会使岩石的热导率降低，因为孔隙中的气体和水分子具有较低的热导率。然而，湿度的增加会增加岩石中水分子的数量，从而提高岩石的总体热导率。在浅层地温能资源开发利用过程中，特别需要注意第四系松散沉积物的各向异性特点。各向异性意味着在不同方向上，岩石的热导率会有所差异。这可能导致在热传导过程中出现不均匀的情况，影响地下热能的有效利用。因此，在开发利用浅层地温能资源时，需要充分考虑第四系松散沉积物的各向异性特点，采取相应的措施来提高热传导的均匀性和效率。

岩石的热导率主要受其内部矿物成分的影响，特别是在致密的岩石中，造岩矿物的性质对岩石的热导率起着主要控制作用。如果岩石中含有高热导率的矿物，那么岩石的总体热导率也会相应提高。因此，在研究岩石的热导率时，需要重点考虑其中的矿物成分。近年来，为了计算地球的大地热流值，世界各地对岩石的热导率进行的实测数据逐渐增多。通常情况下，致密、坚硬的岩石主要在实验室中进行测量。实验室测量提供了可控的条件，能够准确地测定岩石样品的热导率，从而为地球热

流的计算提供了重要数据。而对于松散层沉积物，由于其特殊的地质环境，主要是深海沉积和湖底沉积，因此通常采用就地测量的方式，也就是在野外进行测量，通过直接观测和采样样品来获取热导率数据。土壤热导率（λ）大小同样由土壤组成成分和比例决定。土壤中的水分热导率居中，土壤中的空气热导率最小，土壤中的固体热导率最大。

在所有的固体中，金属是最好的导热体。一般对纯金属热导率是温度的函数，用 $\lambda=\lambda(t)$ 表示，并且随温度的升高热导率降低。对于金属液体，热导率也是随温度的升高热导率降低。

对于非金属的热导率可以表述为组成、结构、密度、温度、压力等的函数，表示为 $\lambda=\lambda$（组成、结构、密度、温度 t、压强……）。一般情况下，非金属的热导率随温度的升高和压力的提高而增大。

对大多数均质的固体，热导率与温度呈线性关系：

$$\lambda=\lambda_0\left(1+\alpha^t t\right) \tag{1-6}$$

式中：λ——t ℃值（W/(m·k)）；

α^t——温度系数，金属为负，非金属为正（ppm/℃）；

λ_0——0 ℃值（W/(m·k)）。

在热传导过程中，物体内部不同位置的温度存在差异，导致热导率也会有所不同。然而，在工程计算中，通常采用平均温度下的热导率作为常数进行处理。这种做法简化了计算过程，便于工程设计和分析，但需要注意的是，实际情况中物体内部的温度分布是不均匀的，因此在具体工程应用中需要对这种简化进行合理的考虑和修正。

液体的导热系数通常为 0.1 ～ 0.7 W/(m·℃)，并随着温度的升高而逐渐降低。相比之下，气体的导热系数较小，真空状态下最小，因此在保温方面具有优势，是良好的绝热体。例如，热水瓶夹层抽真空可以有效地保温。此外，非金属保温材料，如双层玻璃中的空气夹层和棉花被弹松的棉被，也能提供良好的保温功能，其实质是含有大量的空气。气体的导热系数随着气体密度和温度的增加而增大，这意味着在设计保温材料时，需要考虑气体的密度和温度对导热性能的影响。在相当大的压强范围内（P >2 000 at或P < 20 mmHg），压强对导热系数无明显影响。

综上所述，金属的热导率值最大，非金属次之，液体的较小，气体的最小，常见的岩石热导率值可从手册中查得。

（2）岩石热阻系数或热阻率（ζ）是岩石导热系数或热导率的倒数，即

$$\xi = \frac{1}{\lambda} \tag{1-7}$$

式中：ζ——热阻率（m·℃ /W）；

λ——导热系数（W/ (m·℃)）。

由傅立叶热传导方程可推出以下关系式：

$$-\frac{\mathrm{dT}}{\mathrm{dZ}} = q \cdot \frac{1}{\lambda} = q \cdot \xi \tag{1-8}$$

式中：T——地温（℃）；

Z——深度（m）；

q——热流（$\mathrm{J/m^2}$）。

当热流（q）不变时，地温梯度（$\Delta T / \Delta Z$）与热阻率（ζ）成正比。

岩石的热阻率在地质学和岩石学中其变化规律影响着地下环境的热传导和热性质。随着岩石密度的增大，特别是随着埋深的增加，岩石和某些矿层的热阻通常呈现下降趋势。这一现象往往与岩石在地质演化过程中受到的压力和变形有关，这些因素促使岩石内部结构更加紧密，热传导的路径变得更加顺畅，因而导致热阻率减小。岩石的总湿度对其热阻率也有显著影响。随着总湿度的增加，岩石的热阻率往往会减小。这是因为水分子比空气分子具有更高的热传导率，因此当岩石中含水量增加时，水分子填充了岩石孔隙，取代了部分空气，从而降低了整体热阻率。特别是对于未胶结的松散岩石而言，当湿度增加到 20% ～ 40% 时，

热阻率可能会降至原来的六分之一到七分之一，这表明水分对热阻率的影响非常显著。岩石的透水性也是影响其热阻率的重要因素。透水性增强的岩石往往具有更高的热导率，因为含水层中除了传导作用外，还会发生对流现象，这进一步降低了热阻率。在具有层状构造的岩石中，通常会观察到各向异性现象。这意味着沿着层理方向的热阻率往往比垂直于层理方向的热阻率要低。这种差异性可能是由于岩石的层理结构导致热传导路径的变化，使得沿着层理方向的热传导效率更高。岩石的热阻率随着温度的升高会略微增大。这是由于温度升高导致岩石内部分子振动加剧，热传导能力增强，从而导致热阻率略微增加的结果。

（3）岩石比热容（C）是加热 1 kg 物质，使其上升 1 ℃时所需的热量，即

$$C = \frac{\Delta Q}{P \Delta t} \tag{1-9}$$

式中：C——岩石的比热容（J/(g·℃)）；

P——物质的重量（g）；

ΔQ——加热 p g 物质温度升高 Δt 时所需要的热量（J/(g·℃)）与容重（kg/m³）的乘积，即

$$C_p = C \cdot \rho \tag{1-10}$$

式中：C_p——岩石的单位热容量 (J/m³·K)

ρ——岩石的容量（g/m³）。

大部分岩石和有用矿物的比热容，其变化范围都不大，一般为 0.59 ～ 2.1 J/(g·℃) 之间。由于水的比热容较大（15 ℃时为 4.2 J/(g·℃)），因此，随着岩石湿度的增加，其比热容也有所增加。沉积岩如黏土、页岩、砂岩、灰岩等在自然埋藏条件下，一般都具有很大的湿度，其比热容稍大于结晶岩，前者为 0.8 ～ 1.0 J/(g·℃)，后者为 0.63 ～ 0.84 J/(g·℃)。

土壤的热容量（C_V）分重量热容量和容积热容量。气象常用容积热容量。1 g 物质温度升高（或降低）1 ℃所吸收（放出）的热量，称为重量热容量。1 cm³ 的物质温度升高（或降低）1 ℃所吸收（放出）的热量，称为容积热容量。

土壤的热容量大小由土壤组成成分和比例决定。土壤水分热容量最大，温度不易升、降，如潮湿土壤。土壤空气热容量最小，温度易升、降，如干燥土壤。土壤固体热容量居中。

（4）岩石温度传导系数或导温率又称热扩散系数，表示在非稳定热态下岩石单位体积在单位时间内温度的变化，即岩层中温度传播的速度，其关系式如下：

$$\alpha=\frac{\lambda}{C\cdot\rho}=\frac{\lambda}{C_p}=\frac{1}{\xi\cdot C_p} \tag{1-11}$$

式中：α——岩石温度传导系数（m^2/h）；

λ——岩石热导率（J/(m·℃)）；

ξ——岩石热阻率（m·℃/W）；

C——岩石比热容（J/(g·℃)）；

ρ——岩石的容重（g/m^3）；

C_p——岩石的单位热容量（J/(m³·℃)）。

岩石的温度传导系数是描述岩石热传导性质的一个重要参数，它直接反映了岩石的热惯性特征。在研究钻孔内温度平衡形成条件以及进行人工场方法研究钻孔剖面时，岩石的温度传导系数具有重要的意义。岩石的温度传导系数主要受到岩石的热阻和容重的影响，与它们呈反比关系。热阻率大的岩石往往具有较小的温度传导系数，而容重大的岩石通常具有较小的温度传导系数。这是因为热阻率和容重与岩石内部的热传导路径和结构紧密程度密切相关，而温度传导系数则是它们的反比。岩石的温度传导系数随着岩石的湿度增加而增加。湿度增加会导致岩石内部水分子的增多，而水分子具有较高的热传导率，因此岩石的温度传导

系数也会随之增加。随着温度的增高，岩石的温度传导系数略微减小。这是因为温度升高会导致岩石内部分子振动加剧，热传导路径变得更为复杂，从而使温度传导系数稍微降低。对于层状岩石来说，其具有各向异性特点，即沿着层理方向和垂直层理方向的性质不同。在这种情况下，岩石的温度传导系数通常顺着岩石层理方向比垂直层理方向要高。这是由于岩石的层理结构影响了热传导路径的方向，使沿着层理方向的热传导效率更高。

综上所述，为了获取有关地球温度场的相关参数，需要进行野外地温、热传导等测量，并采取原状样品。仅凭野外观测无法获取所有必要的数据，还需要在实验室测定岩石的热导率、比热容和温度传导系数等热物理性质。这样可以在受控条件下对岩石样品进行详细的热性质测量，从而获得更准确的数据。这些数据对于理解地球内部的热传导过程、地温场的分布和演化具有重要意义。在实验室进行的测试通常包括对岩石样品进行热导率测试，以确定岩石材料的热传导能力；进行比热容测试，以确定岩石的热容量；测定温度传导系数，以揭示岩石内部温度传导的特性。将这些实验数据与野外观测获得的数据相结合，可以为地球温度场的研究提供全面而可靠的数据。

1.2.2　热的传导机理

地球内部的热能一直是人类探索和利用的重要资源之一。了解这种能量的产生和传导机制，对于人们理解地球内部的运作方式以及地球表面的形成和变化过程至关重要。在探讨地球内部热能的经典描述中，有一系列与浅层地温能相关的特征，这些特征与传统地热存在显著差异，值得深入探讨。

地球内部热能的来源多种多样，包括火山爆发、温泉、喷泉以及岩石的热传导等。这些能量的释放与传导形成了地球内部的热循环系统，不仅影响着地表的温度分布，还直接或间接地影响着地质构造和水文地质条件的形成与演变。地球内部的热能传导方式也是多样的，其中最主要的方式之一就是热传导。热传导指在物体或系统内部各点间存在温度差时产生的热传递现象。这种传导方式决定了导热速率，即热量在物体内部传播的速度，从而影响着地球内部热能的分布和转移。

在地球内部热能的传导过程中，需要关注两个重要概念：大地热流和地温梯度。大地热流是指单位时间内流经单位面积地球表面的热能量，主要反映了地球内部热能向地表的散失情况。岩石的热传导是地球表面散热的主要方式。地温梯度指地球不受大气温度影响的地层温度随深度增加的增长率。它是测量地下热量分布和传导情况的重要指标，单位常用℃ /100 m 表示。地温梯度的大小与地区的大地热流量成正比，与热流所经岩体的热导率成反比，反映了地下热量的分布和传导特征。

1. 温度场

热总是由温度高的一方流向温度低的一方，就像水总是由高处流向低处一样。在描述地球热状态的参数中，温度场被定义为任一瞬间物体或系统内各点的温度分布总和。这种分布呈现出复杂的空间结构，反映了地球内部热能的分布和传导情况。

一般表达式为

$$t=t(x,y,z) \tag{1-12}$$

该式表示某点的温度是空间和时间的函数。

稳定温度场，即温度不随时间变化的温度场，一般表达式为

$$\frac{\partial t}{\partial \theta}=0, t=t(x,y,z,\theta) \tag{1-13}$$

不稳定温度场 $t=t(x)$ 。

一维稳定温度场，即温度 t 仅沿一个坐标方向发生变化。

$$\frac{\partial t}{\partial \theta}=0, \frac{\partial t}{\partial y}=\frac{\partial t}{\partial z}=0, t=t(x,y,z,\theta) \tag{1-14}$$

式中：t——温度（℃）；

θ——坐标轴角度（°）；

x,y,z——坐标轴方向。

等温面：温度场中同一时刻下相同温度各点所组成的面。等温面彼此不相交，因为同一瞬间空间内任一点不可能同时有两个不同的温度值。

2. 温度梯度

$$\text{grad}t = \lim_{\Delta n \to 0} \frac{\Delta t}{\Delta n} = \frac{\partial \vec{t}}{\partial n} \tag{1-15}$$

式中：grad——梯度；

Δt——两面温差（℃）；

Δn——两面间垂直距离（m）。

温度梯度是矢量，既有大小，又有方向（指向温度增加的方向，是正法线方向）。

对于一维稳定温度场，温度梯度为

$$\text{grad}t = \frac{\text{d}t}{\text{d}x} \tag{1-16}$$

式中：t——温度（℃）；

x——温度梯度的方向。

3. 傅立叶定律

1822 年，法国数学家傅立叶在研究导热数据和实践经验的基础上，提出了傅立叶定律，对导热规律进行了深入总结。这一定律指出，等温面的导热速率与温度梯度以及传热面积成正比。简而言之，导热速率取决于物体内部温度的变化率和传热表面的大小。

$$\text{d}Q = -\lambda \cdot \text{d}s \cdot \frac{\partial t}{\partial n} \tag{1-17}$$

式中：$\text{d}Q$　导热速率（W）；

λ——导热系数（W/(m·℃)）；

s——传热面积（m^2）；

t——温度（℃）；

n——等温面的距离（m）。

该式适用于任何导热情况。式中“-”表示导热的方向总是和温度梯度的方向相反。

4. 土壤表面的热量平衡

土壤表面的热量平衡指自然状态下土壤表面吸收的能量和释放的能量相等的现象。

地面热量主要来源如下：

（1）太阳总辐射。

（2）大气逆辐射。

（3）大气凝结潜热。

（4）夜间暖空气以乱流形式传给冷地面的热量。

（5）下层土壤以分子传导形式传向地表面的热量。

地面支出的热量如下：

（1）地面放射长波辐射损失的热量。

（2）加热空气所消耗的热量（地面和近地面气层通过乱流的交换方式交换的热量）。

（3）地面水分蒸发所消耗的热量。

（4）地表以分子热传导形式向下层土壤传导的热量。

土壤导温率（K）表达式为

$$K = \lambda / C_V \tag{1-18}$$

式中：λ——导热率（W/(m·k)）；

C_V——热容量（J/k）。

当土壤湿度大于 12% 时，此式不再适用。

1.3　浅层地温能赋存条件

浅层地温能资源是指地表以下 15 ～ 200 m 深度的岩土体和地下水中蕴藏的热能资源，其分布受到地质、地貌和水文条件的显著影响。我国的城市分布与这些条件密切相关，不同地域具有各自的特点，因此研究浅层地温能赋存条件对于开发利用浅层地温能资源具有十分重要的意义。浅层地温能资源作为一种自然资源，目前人们更多地关注其开发利用方面。因此，从这个角度来看，浅层地温能不仅具备自然属性，还具备社会属性。只有当浅层地温能可以被人类开发利用时，才能真正构成资源。尽管浅层地温能资源具有普遍分布的特点，但作为地球整体热状态分布的一部分，区域地质构造对其影响作用不容忽视。区域地质构造对浅层地温能资源的影响主要体现在对地温场和城市分布的影响上。地质构造对地温场的影响作用主要表现在地下岩石层的构造、厚度、渗透性等方面。不同地质结构下，地热分布情况存在明显差异，影响着浅层地温能资源的丰富程度和分布。地质构造也对城市分布具有重要影响。城市常常建立在地形较为平坦、便于生活和生产的地区，而这些地区的地质构造往往有利于浅层地温能资源的利用。因此，了解区域地质构造对于浅层地温能资源的开发利用具有指导意义，有助于合理规划城市布局，选择合理的能源利用方式。

1.3.1　区域地质构造对地温场的控制作用

大地热流是单位时间由地球内部通过单位地球表面积散失的热量（MW/m^2），是地球内热在地表可直接测得的一个物理量。它是一个综合参数，能反映地区地热场的基本特点。在地热地质学理论上可以把大地热流的来源分为两个部分，一部分来自地球深部，称为地幔热流

（q_m）；另一部分则源于地壳岩石的放射性，称为地壳热流（q_c）。

q_c和q_m都是与地壳厚度有关的函数，但变化方向不同。q_m反映的是岩石深部的状态，与一个地区的构造活动性密切关联，高温物质上涌，岩石圈则变薄，q_m与地壳厚度常有负相关关系，q_c则相反。由于地球内部主要的放射性元素铀、钍、钾都是亲石元素，地壳厚度愈大，地壳所含的放射性元素就可能越多，q_c就越大，所以其与地壳厚度呈正相关。根据陈墨香的研究，我国按大地热流值的大小可以分为 5 个构造区：华北—东北构造区、华南构造区、中南构造区、西北构造区、西南构造区。各区的实测热流值如表 1-3 所示。

表1-3　中国大陆及各构造区大地热流统计表

单位：MW/m^2

代号及构造区	单位热流测点数（N）和平均热流值（q）	单位热流质量权数（W）之和及平均热流值（q）	1°x1° 网络数（N）和算术平均热流值（q）	1°x1° 网络数（N）和质量加权平均热流值（q）
华北—东北构造区	N=197	W=447，q=63 ± 10	N=62，q=61 ± 17	N=61，q=59 ± 15
华南构造区	N=94，q=70 ± 19	W=170，q=67 ± 13	N=41，q=70 ± 10	N=40，q=66 ± 15
中南构造区	N=48，q=60 ± 12	W=105，q=61 ± 12	N=18，q=63 ± 12	N=22，q=66 ± 12
西北构造区	N=10，q=44 ± 10	W=17，q=47 ± 10	N=7，q=43 ± 9	N=7，q=43 ± 8
西南构造区	N=92，q=85 ± 39	W=198，q=75 ± 17	N=38，q=81 ± 51	N=34，q=70 ± 25

西南构造区热流值最高，为 70 ～ 85 MW/m^2，西北构造区最低，为 43 ～ 47 MW/m^2。华北—东北构造区平均热流值为 43 ～ 47 MW/m^2，与

全国平均值接近。华南构造区平均热流值为 66 ～ 70 MW/m²，比全国平均值略高。中南构造区平均热流值为 60 ～ 63 MW/m²，但根据油田关于阿尔多斯盆地和四川盆地实测热流值资料，只有 40 ～ 60 MW/m²，所以取 50 MW/m² 作为中南构造区的期望值是合适的。总的来看，我国大地热流分布与大地构造密切相关。我国西南地区雅鲁藏布江缝合带热流值为 91 ～ 364 MW/m²，向北随构造阶梯下降，到准噶尔盆地为 33 ～ 44 MW/m²；我国东部台湾板缘地带热流值为 80 ～ 120 MW/m²，越过台湾海峡到东南沿海燕山期造山带，降为 60 ～ 100 MW/m²，到江汉盆地大地，热流值只有 57 ～ 69 MW/m²，也是由现代构造活动强的高热流地带向构造活动弱的低热流地带递变。

在大型盆地中，大地热流值的分布与基底的构造形态密切相关。通常情况下，隆起区对应着相对高热流区，而拗陷区则对应着相对低热流区，这一规律在我国的华北盆地中得到了典型体现。地质历史中的岩浆活动对地温场产生一定的影响。近期的岩浆活动会对当地的温度场产生显著影响，而更新世以前的岩浆活动由于经过长时间的冷却，岩浆热量散失殆尽，对地温场已无明显影响。地下水的活动也对地表地温场产生影响。在盆缘山前地带的地下水补给区，降水下渗使围岩温度降低，形成山前综合冲积扇冷水盆地；而在地下水深循环上升地带，如盆地中的高角度断裂带，地下热水上涌，形成地热梯度异常带。在这些区域，盖层地热梯度可以高达 6 ～ 8 ℃ /100 m。在隆起山区，温泉往往呈现出开启型。这是由于地下水沿着深断裂带深循环，形成了沿深断裂带的脉状对流热水系统。

1.3.2　区域地质构造对城市分布的控制作用

我国位于北半球滨太平洋沿岸和亚洲大陆东部，其纬度、经度、地势高低以及板块构造运动等因素共同决定了城市的基本地质条件。城市作为人类文明的重要载体，其分布呈现出一定的规律，主要集中在东部沿海地区，逐渐向内地扩散，再到西部边疆，城市数量逐渐呈现出由高度集中到稀疏零星的趋势。即使是一些山区城市，也多坐落在相对平坦的山间谷地沿河地带。大多数城市的建设场地主要是第四纪松散堆积物，厚度不等。尽管也有少数以矿产为依托的城市位于基岩地带或丘陵区，但绝大多数城市都依托于第四纪松散堆积物的场地。因此，城市的生存和发展与第四纪地质环境密切相关。第四纪松散堆积物的特点决定了城市建设的地基条件和工程建设的难易程度。此外，第四纪地质环境也对城市发生地质灾害风险的可能性产生影响，如发生地震、滑坡、泥石流等灾害的可能性。在城市规划和建设过程中，必须充分考虑第四纪地质环境的特点，采取科学合理的措施，确保城市的安全、稳定和可持续发展。只有这样，才能有效应对地质灾害风险，保障城市和居民的生活质量，促进城市的健康发展。

第四纪沉积物的形成与地貌类型的发育过程和特点是紧密相关的，都受到第四纪以来新构造期的地壳运动的影响。区域地质构造决定了一个地区第四纪沉积物的分布、主要物质组成、颗粒粗细、沉积层厚度以及由此产生的第四系松散层的不同结构组合的物理、热物理性质的变化和热运移条件的差异。因此，地质构造的不同会导致不同地区第四纪沉积物的特征和性质各异。这些特征包括沉积物的类型、组成、粒度大小、厚度等，以及形成的地貌类型和特点。

我国东部广大平原区自第四纪以来长期处于相对沉降的过程中，形成了一定厚度的河流相和河湖相松散沉积物。长江、黄河、淮河、海河、辽河等大型河流形成的冲洪积平原聚集了全国大、中城市的60%至70%。在这些平原地区，沉积物的厚度普遍较大，多数超过100 m。在内陆河谷地区，受区域地质构造的影响，地形地貌呈现出多样性，第四系松散沉积物的分布面积、形态和厚度也变化较大。这些地区地域特色明显，沉积类型复杂，沉积物的厚度一般在数十米到上千米之间变化。在一些特殊地质背景下形成的城市，如岩溶区、黄土塬等地区，城市对地

质环境的依赖性更为突出。它们与所在地区地貌及第四纪地质环境的关系紧密，这些地区的城市建设与地质环境密切相关。对于这些地区的城市规划和建设而言，必须充分考虑地质环境的特点和变化。城市的发展需要与地质环境相协调，合理利用和保护地质资源，减少地质灾害发生的风险，确保城市的安全和可持续发展。

由上述分析可以清晰地看出，区域地质构造在塑造城市地形地貌和第四系的发育过程中发挥着重要的控制作用。城市的发展对于浅层地温能资源有着巨大的需求，而浅层地温能资源存在于自然地质背景中，并且是这个自然地质背景的重要组成部分。因此，对于浅层地温能资源的开发利用而言，深入了解和认识与其共生共存的自然地质背景或环境类型、特征至关重要。了解自然地质背景的特点和特征可以帮助人们更好地理解浅层地温能资源的分布规律和形成机制。不同地质背景下的地下结构、岩石性质以及地下水循环等因素都会对浅层地温能资源的分布和利用产生影响。因此，在开发利用浅层地温能资源时，必须充分考虑自然地质背景的特点，采取相应的技术手段和措施。认识自然地质背景还可以帮助人们更好地评估和预测浅层地温能资源的潜力和可持续性。通过对地质背景的深入了解，可以为浅层地温能资源的合理开发和利用提供科学依据，同时有助于减少对环境的影响。

基于我国地域特点，将我国城市地质环境划分为 4 类和 11 个亚类，结果如表 1–4 所示。

表1-4　城市地质环境划分表

类代号	类　型	亚类代号	亚类型	代表城市
I	滨海型	I_1	滨海平原亚型	上海、广州、福州、南通、天津、台北
		I_2	滨海山地（含岛屿）亚型	大连、秦皇岛、烟台、青岛、连云港、厦门、湛江、海口、三亚、香港
II	平原型	II_1	冲积平原亚型	哈尔滨、大庆、沈阳、石家庄、郑州、保定、合肥、成都
		II_2	冲积三角洲平原亚型	苏州、无锡、南京、锦州、东营
		II_3	山前倾斜平原亚型	北京
III	内陆盆地型	III_1	内陆河谷亚型	重庆、宜昌、武汉、长沙、抚顺、本溪
		III_2	内陆干旱、半干旱、季节冻土盆地亚型	乌鲁木齐、呼和浩特、包头
		III_3	黄土高原盆地亚型	兰州、西安、太原
		III_4	岩溶河谷盆地亚型	贵州、南宁、桂林、柳州、济南
IV	高原河谷型	IV_1	深切河谷亚型	攀枝花
		IV_2	高原寒冻河谷亚型	西宁、拉萨

1. 滨海型城市地质特点

除我国台湾地区以外的12个沿海省（区、市）所辖的5个沿海特区，以及15个对外开放港口城市，是我国人口密集型和经济密集型的重要城市。这些城市群既包括有较长历史的古老城市，又涵盖了新兴城市，是我国当前阶段人类工程和经济活动对自然地质环境改造最为强烈的地区。

从自然条件来看，这些城市可以进一步划分为滨海平原亚型城市和滨海山地（含岛屿）亚型城市。滨海平原亚型城市主要分布在沿海平原地区，地势平坦，土地肥沃，适宜发展农业和开展城市建设。这些城市常常面临着来自海洋的自然灾害威胁，如风暴潮、海啸等。滨海山地（含岛屿）亚型城市则位于沿海山地和岛屿地区，地形多变，地貌复杂。这些城市往往面临着来自地质灾害的挑战，如地震、滑坡等。同时，这些地区因其独特的地形地貌和自然景观而具有重要的旅游价值。

（1）滨海平原城市亚型位于我国渤海、黄海、东海、南海沿岸的带状平原区，具有河口港城市的特点。这些城市包括天津、上海、广州、福州、温州等，地形平坦或微起伏，大部分属于河口三角洲平原。从北到南，这些城市分布在不同的海域，但都具有相似的地质环境和发展特点。这些城市的地质环境特点主要包括以下几个方面：首先，这些河口地段的第四纪沉积物厚度相对较大，一般都大于 100 m，个别滨海城市第四纪沉淀物厚度甚至达到 1 000 m。除了粉细砂层外，还有黏性土层，其厚度较大，并且分布广泛，部分地区埋藏有淤泥类土。其次，由于沉积物形成时代较新，上层结构相对疏松，孔隙发育，压缩性强。一般情况下，地下水埋藏较浅，土层多处于饱和状态，土质强度较低，呈次固结状态。再次，滨海平原城市的地质环境突出特点包括高程低、海陆相接、场地地形开阔、地貌类型单一、地下水埋藏浅、土质软弱、承载力低、地表排水不畅。在极端情况下，这些城市可能受到风暴潮的袭击，严重影响城市的安全和稳定。最后，在地震发生时，这类城市往往会出现严重的砂土液化现象，因此，对这些城市的浅层地温能资源进行开发利用时，应优先考虑地埋管地源热泵方式和地表水地源热泵方式。

（2）滨海山地城市亚型的地形特点呈波状起伏，丘陵山地与滨海低地相互交错，海湾与岬角相接，海岸线呈带状蜿蜒伸展。这种地形通常由剥蚀丘陵、海岸斜坡以及河口堆积区三部分组成，形态多样，风貌奇特。这些城市的布局错落有致，拥有得天独厚的自然环境，包括良港和优越的旅游度假条件。这为城市的建设和发展提供了良好的基础。同时，这些城市还拥有优美的海湾形态，内湾、狭湾、平直港湾以及离岛等特征，为城市增添了独特的景观魅力。例如，大连、秦皇岛、连云港、厦门、湛江、北海、海口、三亚、珠海、深圳、香港等城市都属于这一类别。它们的第四纪堆积层较薄，厚度变化较大，可见数米至数十米，相当一部分基岩直接出露于地表。尽管这些城市拥有得天独厚的自然环境和优越的旅游资源，但也面临着一些挑战。由于地形起伏，地貌复杂，这些城市可能更容易受到地质灾害的影响，如山体滑坡、地面塌陷等。因此，在城市规划和建设中，必须充分考虑地质环境的特点，采取有效措施加强地质灾害防治工作，确保城市的安全和稳定。

这类滨海山地城市的自然地质条件异常复杂，因此在城市建设和发展过程中，必须尽可能地降低人为工程活动对环境的不良影响。其中包括一系列工程活动，如岸带取水、人为干扰海洋河流的上游、筑坝拦水工程、岸带取砂采石以及修筑码头等。这些活动可能导致海岸线的退缩、海水入侵、砂粒粗化等危害发生，对城市的生态环境和自然景观造成不可逆转的损害。因为这类城市的第四系地层相对较薄，浅层地温能资源主要存在于基岩中，所以开发利用这些资源的成本较高。在这种情况下，若有条件，采用地表水（如河水、海水）地源热泵技术应是一个不错的选择。地表水地源热泵利用水体中的温度差，通过热泵技术将水体中的低温热量提取出来，用于供暖、制冷或热水生产等，同时将水体中的高温热量释放到水中，实现了能源的高效利用。采用地表水地源热泵技术有助于降低对地下资源的开采压力，减少对环境的破坏，同时也有利于城市的节能减排和可持续发展。需要注意的是，在使用地表水地源热泵技术时，必须合理规划和管理水资源，防止对水生态环境产生不良影响，确保水资源的可持续利用。

2. 平原型城市地质特点

（1）冲积平原亚型城市位于我国东部和中部平原地带，包括松嫩平

原、辽河中下游平原、海河平原、黄河中下游平原、淮河平原、长江中下游平原等地区。这些地方是我国城市比重最大、发展最快的地区之一，城市化进程加快，经济社会发展日益繁荣。这些城市的地质环境特点是地形平坦、开阔，第四系沉积物广泛分布，厚度较大，主要有冲积、冲积—洪积和湖积等多种成因的沉积物。第四纪堆积物主要由粉细砂、粉土、黏土和淤泥质土等细粒物质组成。地下水资源相对丰富，但自 20 世纪 70 年代以来，随着工农业发展和城市供水需求的增加，地下水开采强度增大，导致地下水位下降。然而，在河流下游、河谷阶地和漫滩区，地下水位较浅。这些城市地区受活动断层和地震的影响，地震烈度较高，存在潜在的地震威胁。另外，一些地段地下水位较浅，含水粉细砂层有液化的可能性，增加了发生地质灾害的风险。哈尔滨、大庆、沈阳、石家庄、郑州、合肥、蚌埠、成都等城市地质环境基本属于这一类别。在这样的地质环境下，浅层地温能资源的开发利用一般采用地下水地源热泵或地埋管地源热泵。地下水地源热泵利用地下水中的稳定温度，通过热泵技术实现供热、制冷和热水生产，是一种有效利用地热资源的方式；而地埋管地源热泵则利用地下土壤中的稳定温度，通过埋设地下管道来实现能源的交换和利用。

（2）冲积三角洲平原城市亚型具有独特的地理位置，位于长江、黄河、淮河、珠江、辽河、海河等主要河流的下游平原地区，与滨海平原过渡相连。这些城市地质环境呈现出一系列特征，对城市的发展和地热能资源的利用都有着重要影响。这些城市地势低平，地下水埋藏较浅，第四系沉积物厚度普遍较大，一般达数百米，主要以冲积相和湖相的粉细砂、黏土和淤泥质土为主。在全新世沉积分布广泛的情况下，地层结构相对疏松，土体工程地质性质软弱，承载力较低。这种地质特征使得这些城市在地下水资源方面相对丰富，但也增加了地质灾害的风险。苏州、无锡、常州、杭州、嘉兴、蚌埠、江阴、锦州、东营等城市是这类城市的代表。在这些地区，浅层地温能资源的开发利用应主要采用地埋管地源热泵方式。地埋管地源热泵利用地下土壤中的稳定温度，通过埋设地下管道来实现能源的交换和利用，是一种有效利用地热能资源的方式。地表水（河水、湖水）或地下水地源热泵方式在条件具备时也是可以采用的。这种方式利用地下水中的稳定温度，通过热泵技术实现供热、制冷和热水供应，为城市提供了一种可持续发展的能源选择。

（3）山前平原城市亚型位于我国中东部平原与中西部山区过渡的地区，以冲洪积扇倾斜平原为主要特征的地质环境。这种地质环境既为城市提供了良好的场地可供利用，又拥有较丰富的地下水水源。从地层的物质组成来看，这些城市地区的地层主要由数百米厚的第四纪冲积、洪积物构成。岩性颗粒由粗变细，依次为卵砾石、粗细砂层、粉砂和黏性土层，形成了明显的过渡序列。地下水埋藏深度从浅到深变化，并且多呈自流性质，为城市提供了丰富的地下水资源。这些城市所处的地貌单元部位通常位于冲洪积扇后缘或前缘，其场地工程地质性质呈现出有规律的变化。尽管与滨海平原相比，存在一些不足，但从城市建设和发展的角度来看，山前平原城市亚型具备诸多有利条件。其场地开阔，地表排水通畅，地基土性质良好，承载力较高，为城市的工程布局和道路交通建设提供了充足的条件。我国的首都北京就坐落在太行山和阴山山脉山前永定河和潮白河下游冲积扇构成的山前倾斜平原区。类似的地理条件也适用于其他内陆城市，如呼和浩特、乌鲁木齐等。这些城市在山前平原的地质环境下，具有较大的发展潜力和适宜的城市建设条件。

在山前平原城市亚型地区，浅层地温能资源的开发利用主要依赖于地下水地源热泵方式。然而，近年来，由于降雨量减少和地下水水位持续下降等严峻形势的影响，各地为了优先确保生活饮用水，采取了一些限制地下水地源热泵发展的措施。在这种情况下，冲洪积扇中下部地区可以考虑积极采用地埋管地源热泵方式。相比于地下水地源热泵方式，地埋管地源热泵更加适合这一地区的特点。该方式通过埋设地下管道，利用地下深层土壤的恒定温度进行能量交换，实现了对地温能资源的有

效利用，同时避免了对地下水资源的过度开采。

3. 内陆盆地型城市地质特点

内陆城市多依托山间盆地、河谷阶地以及斜坡地带进行发展。除此之外，还有一些城市位于干旱或半干旱气候下的黄土高原和岩溶区。这些城市的地质环境具有独特性，可以分为四种亚型。

（1）内陆河谷盆地城市亚型是内陆城市中最常见的一种地质环境。这些城市的地理位置受到河谷地貌的显著影响，大多数城市坐落于河流冲积物构成的不同级次的阶地上，也有少数城市位于丘陵前部的河谷斜坡带。它们的场地和地基主要由坡积、坡－残积物组成，冲积层以卵砾石层和砂层为主。在少数城市中，场地是基岩河谷，基岩直接裸露在地表上。重庆市是一个典型的例子，大部分地段都是基岩场地，只有少部分地段分布有厚度不等的土层。由于河谷斜坡的发育，这些城市有时会发生滑坡灾害，对城市建筑和道路工程的安全构成威胁。例如，重庆、宜昌、抚顺、本溪等城市都曾不同程度地受到滑坡灾害的影响。在这些城市地区，浅层地温能资源的开发利用应该侧重于基岩地埋管地源热泵方式。然而，在选择开发利用方式时，还必须综合考虑成本、地质灾害对工程的影响以及工程可能引发地质灾害的可能性。

（2）干旱－半干旱季节冻土盆地城市亚型位于我国东北、西北、华北和内蒙古地区的一些城市，其地理位置纬度偏高，气候条件干旱或半干旱。与山前倾斜平原城市亚型相似，这些城市的地质环境也受到山地和平原的过渡影响，但由于高纬度气候因素的影响，它们面临着独特的地质挑战。这些城市大多数将地下水作为主要水源，如乌鲁木齐、呼和浩特等地。地下水资源已成为这些城市建设和发展的基础条件和制约性因素，水源地保护问题对这些城市来说尤为突出。在这样的地质环境下，浅层地温能资源的开发利用应因地制宜。地下水地源热泵方式和地埋管地源热泵方式都是可选择的方法，但应偏重考虑地埋管地源热泵方式。地下水地源热泵方式可以利用地下水的稳定温度来进行换热，但在干旱－半干旱地区，地下水资源可能有限，因此对地下水的开采和利用需要谨慎管理。相比之下，地埋管地源热泵方式则不需要依赖地下水，而是利用地表以下较稳定的温度来进行换热，因此在这样的地区更为适合。

（3）黄土高原河谷盆地城市亚型位于我国西部的一些省份，如陕西、甘肃、宁夏、青海、内蒙古等地，这些地区的气候条件多为干旱，土地多为黄土高原，水土流失严重，常有暴雨和泥石流等灾害发生。在城市建设过程中，通常会以当地河谷为依托，沿河展布，同时不断向塬坡扩展。这些城市的地质环境较为复杂，黄土湿陷性导致地基不均匀沉降，是建筑工程所面临的重要问题。西安、兰州、太原、郑州、洛阳等城市都属于这一亚型。在这样的地区，为了确保城市建筑的稳定，必须重点关注地基的稳定性和土地的湿陷性。针对这种地质环境，浅层地温能资源的开发利用方式应根据具体情况进行选择。在河谷或古河道地区，可选择地下水地源热泵方式和地埋管地源热泵方式。但在黄土塬地区，需要特别关注潜水面或地下水面的高低以及埋管间距等因素，慎重考虑地埋管地源热泵的使用。地下水地源热泵方式可以利用地下水的稳定温度进行换热，但需要注意地下水资源的保护和管理。而地埋管地源热泵方式则更适合用于对地基稳定性要求较高的情况，但需要对地域地质情况进行充分评估和分析，以确保其安全性和可行性。

（4）内陆岩溶河谷盆地城市亚型在我国南方和北方广泛分布，这些地区如贵阳、南宁、桂林、柳州、济南、本溪等城市，都发育着规模不等的隐伏溶洞、天窗、落水洞、陷落柱等岩溶地貌景观。这些特殊的地质环境使得这些城市的地质情况变得异常复杂，岩溶塌陷成为这些城市最突出的地质灾害之一。岩溶塌陷是由于地下水侵蚀导致地下空洞形成，进而引发地表或地下结构物塌陷的现象。这种灾害对城市的安全和稳定构成了严重威胁。然而，岩溶水系统也是可以利用的地下水资源，对城市的发展和人们的生产、生活具有重要意义。因此，这类城市面临着防御岩溶塌陷灾害和合理开发利用地下水资源的双重任务。要有效利用岩

溶水系统，首先必须加强对地下水系统的保护和管理。控制地下水位波动幅度，防止过度开采导致地下空洞的扩大和岩溶塌陷的加剧。加强对岩溶地质灾害的防御工作，采取有效措施减少塌陷地质灾害的发生，保障城市的安全。在岩溶水系统的合理利用方面，应该充分发挥岩溶地下水资源的潜力，推动城市水资源的可持续利用。加强对地下水质量的监测和管理，防止污染对岩溶水系统的影响，保护岩溶水资源。

4. 高原河谷型城市地质特点

（1）深切峡谷城市亚型位于我国西南高山峡谷区，这些城市的发展受到地质地形的显著影响。随着第四纪以来地壳的快速抬升，河谷地形逐渐陡峭，河流湍急。这种特殊的地质环境给城市的发展带来了独特的挑战和机遇。在这些城市中，沿着河谷延伸的城市逐渐由河谷向山坡扩展，形成了沿河带状的深切峡谷城市。攀枝花就是其中的代表。这些城市的地形地貌非常险峻，城市建设受到限制，但同时使这些城市具有独特的自然景观和旅游资源。在深切峡谷城市亚型地区，地下水地源热泵方式和基岩地埋管地源热泵方式是开发利用地热资源的两种主要方式。沿着河谷地区，可以采用地下水地源热泵方式，可以利用地下水资源，满足城市供暖和制冷的需求；而位于山坡区域的城市则可以选择采用基岩地埋管地源热泵方式，通过埋设在岩石地层中的地埋管系统，利用地热能源进行供暖和制冷。地形险峻、河流湍急给城市建设和基础设施建设带来了诸多困难。因此，在开发利用地热资源的同时，必须充分考虑地质地形的复杂性和城市建设的安全性。必须采取科学合理的措施，确保城市的发展与环境保护的协调。

（2）高原寒冻河谷城市亚型主要位于我国青藏高原区的河谷地带，这些城市地形平坦、开阔，但受到高寒气候的影响，冬季寒冷干燥，季节性冻融作用显著，夏季则经常受到暴雨袭扰，容易发生泥石流等自然灾害。拉萨、西宁等城市就属于这一类别。它们所处地区虽然景色优美，但同时面临着独特的挑战。在这样的地区，地下水地源热泵方式和地埋管地源热泵方式是两种主要的地热资源利用方式。但是，由于地质环境的特殊性，必须慎重考虑，选择合适的方式进行利用。考虑到寒冻地区的气候条件，地下水地源热泵可以循环利用地下水，实现供暖和制冷。但是，这些地区地下水资源可能受到冻融作用的影响，需要考虑地下水的稳定性和可持续性。因此，在选择地下水地源热泵方式时，必须进行充分的勘测和评估，确保地下水的安全可靠。地埋管地源热泵方式可以利用地下岩石的稳定温度来实现供暖和制冷。这种方式相对稳定，不受气候条件的影响，但需要考虑地埋管系统的布局和设计，以确保系统的有效运行。在高原寒冻河谷城市亚型地区，应该结合当地的地质条件和气候特点，选择合适的地热资源利用方式。

第 2 章　浅层地温能开发利用

本章专注于探讨浅层地温能的开发与利用策略，旨在为读者提供一套完整的方法论框架，以实现浅层地温能资源的高效开发与利用。首先，本章将介绍浅层地温能资源的评估方法，这是开发过程中不可或缺的第一步，涉及对资源量的精确测定和质量评估。其次，本章将探讨如何根据不同地理条件和环境条件制定合适的开发分区原则，以及采用何种技术和策略能最有效地获取浅层地温能。本章希望通过系统地分析这些开发利用方法，为实际操作提供科学依据和技术支持，促进浅层地温能在绿色建筑中的广泛应用。

2.1　浅层地温能资源评价

浅层地温能资源的评估是为了准确估计岩土体中所蕴藏的热量，静态储量和可开采资源量是两个重要的指标。静态储量指地表以下一定深度范围内岩土体中所蕴藏的热量，其评价方法主要有体积法和类比法。其中，体积法（图 2-1）是一种常用的评价方法，其基本思路是通过测定岩土体中的热量来计算静态储量。在运用这个方法时，首先要对研究区域的岩土体进行调查和采样，然后根据采样数据计算岩土体中的热量。在计算过程中，需要将研究区域划分为不同的层次，包括包气带、含水层和相对隔水层。最后，通过测定各层的温度和热传导系数，可以计算出每一层的储热量，并将其累加得到评价区的静态储量。另一种评价方法是类比法，这种方法是通过已有的评价结果来估算研究区域的静态储量。具体而言，就是将研究区域的地质条件和热传导特性与已有的类似地区进行比较，并根据类比地区的评价结果来估算研究区域的静态储量。这种方法虽然相对简便，但需要确保类比地区与研究区域具有相似的地质条件和气候条件，以保证评价结果的准确性。

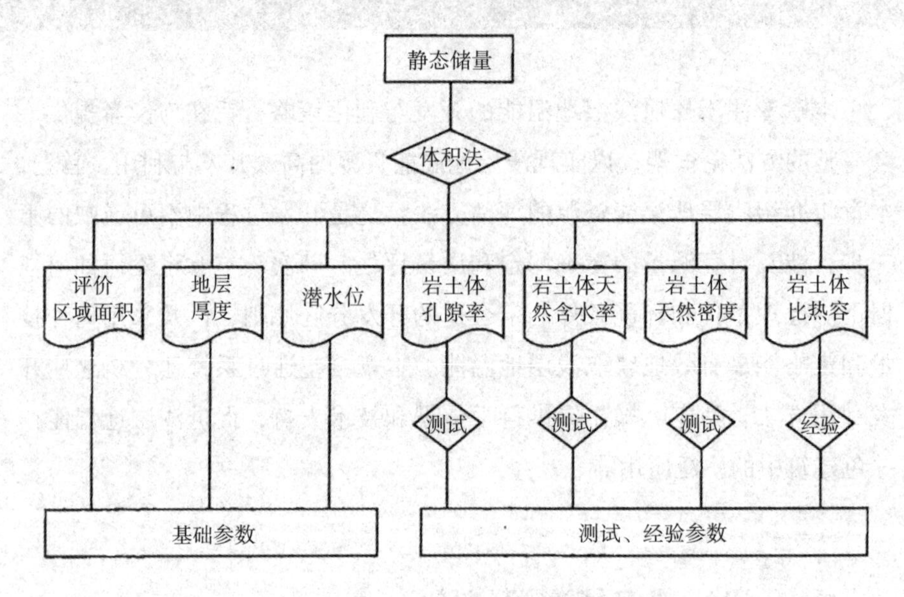

图 2-1　静态储量评价框架图

可开采资源量的评价是对地下水地源热泵系统和地埋管地源热泵系统在特定条件下的潜在热能开采能力进行深入了解的过程。这种评价不仅考虑了岩土体的特性，还密切关注开采利用方式对热量提取的影响。具体而言，地下水地源热泵系统通过抽水井提取地下水进行热交换，其可开采资源量与抽灌井的数量和单井出水量密切相关；地埋管地源热泵系统则通过热泵机组与地埋管换热器之间循环液的循环换热，利用浅层地温能，其可开采资源量与换热孔的数量和单孔换热能力相关。对于地

下水热泵系统的评价，采用地下水量折算法。通过对抽水井的数量和单井出水量进行计算，确定系统可开采的热能量。这一方法的核心是考虑系统对地下水资源的利用效率，确保在满足热能需求的同时尽可能减少对地下水资源的影响。而对于地埋管热泵系统的评价，则采用换热量现场测试法。通过直接测量地埋管与土壤之间的热交换效果，评估系统的实际热能开采能力。这种方法更加直观和准确，能够全面了解系统在实际运行中的性能表现。其评价框架如图 2-2 所示。

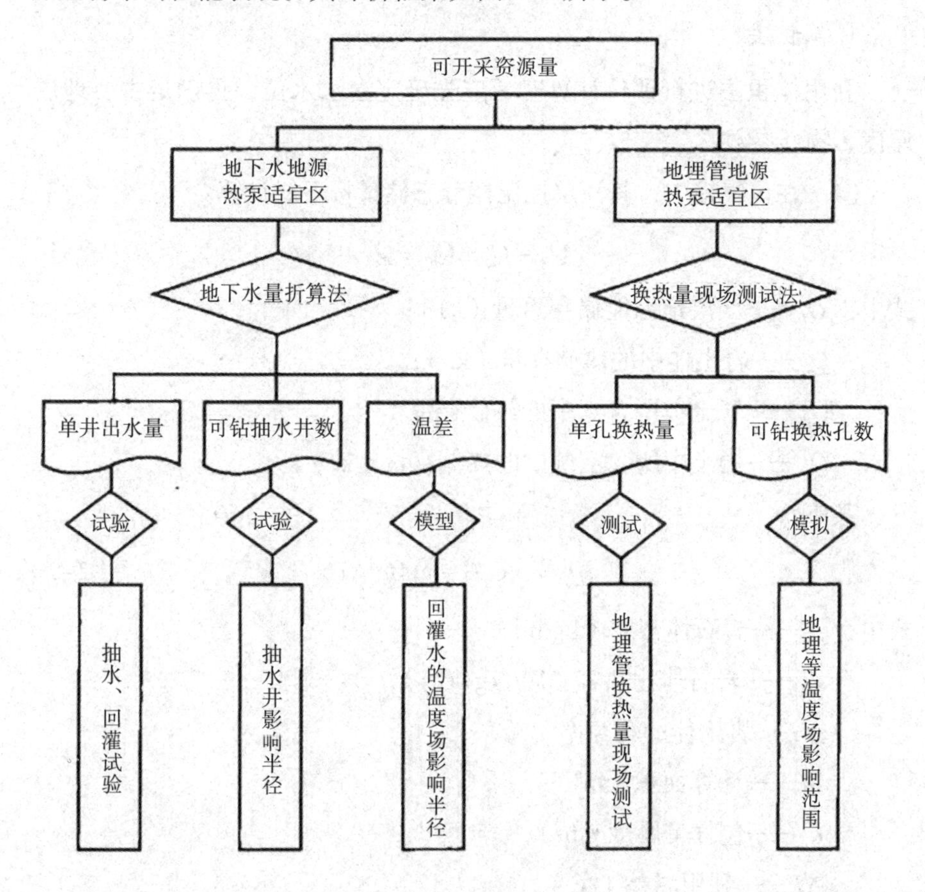

图 2-2 可开采资源量评价框架图

2.1.1 资源量计算相关参数的选择

地下水地源热泵适宜区可开采资源量的计算采用地下水量折算法，通过对抽水井的数量和单井出水量进行计算，确定系统可开采的热能量；地埋管地源热泵经济区可开采资源量的评价可采用换热量现场测试法，通过直接测量地埋管与土壤之间的热交换效果来评估系统的实际热能开采能力。

1. 体积法

利用体积法进行评价计算时，应先确定潜水水位，再确定主要地层厚度、物性参数。

（1）在包气带中，其浅层地温能静态储量按下式计算：

$$Q_R = Q_s + Q_W + Q_A \quad (2-1)$$

式中：Q_R——浅层地温能储存总量（kJ）；

Q_s——岩土体中的热储存量（kJ）；

Q_W——岩土体所含水中的热储存量（kJ）；

Q_A——岩土中所含空气中的热储存量（kJ）。

其中：

$$Q_s = \rho_s C_s (1-\phi) M d_1 \Delta T \quad (2-2)$$

式中：ρ_s——岩石体密度（kg/m^3）；

C_s——岩石体比热容（kJ/(kg·℃)）；

ϕ——岩土体的孔隙率（%）；

M——计算面积（m^2）；

d_1——包气带厚度（m）；

ΔT——利用温差（℃）。

$$Q_W = \rho_W C_W \omega M d_1 \Delta T \quad (2-3)$$

式中：ρ_W——水的密度（kg/m^2），取 1 000 kg/m^2；

C_W——水的比热容（kJ/(kg·℃)），取 4.18 kJ/(kg·℃)；

ω——岩土体的含水率。

$$Q_A = \rho_A C_A (\phi - \omega) M d_1 \Delta T \tag{2-4}$$

式中：ρ_A——空气的密度（kg/m^3），取 1.29 kg/m^3；

C_A——空气的比热容（kJ/(kg·℃)），取 1.008 kJ/(kg·℃)。

（2）在含水层和相对隔水层中，其地热能储存量按下式计算：

$$Q_R = Q_s + Q_W \tag{2-5}$$

$$Q_w = \rho_w C_w \phi M d_2 \Delta T \tag{2-6}$$

式中：d_2——潜水位至计算下限的岩土体厚度（m）。

体积法是一种计算简便、物理意义明确的评价方法，适用于各种地质条件下的浅层地温能静态储量评价。也就是说，体积法不仅适用于松散岩层分布区，还适用于基岩地区的评价。本次研究选择了体积法，不仅是因为其计算简便，还是因为其适用范围广。这种方法不仅可以用于地下水地源热泵适宜区静态储量的计算，还适用于地埋管地源热泵经济区静态储量的评估。在本次研究的基础上，可以进一步利用类比法来评价浅层地温能资源条件相近的区域，从而拓展评价区域范围。这种方法可以通过对比已有数据和类似地质条件下的情况，来估算目标区域的地温能储量情况，为地热能资源的综合利用提供更全面的参考。

2. 地下水热泵适宜区可开采资源量计算方法

（1）水热均衡法：主要通过研究区的水、热均衡计算，了解地下水的水、热储存量和水、热补排情况。

水均衡公式为

$$q_{\text{in}} = q_{\text{out}} + \Delta q_w \tag{2-7}$$

式中：q_{in}——补给量（m^3）；

q_{out}——排泄量（m^3/d）；

Δq_w——储存量的变化量（m^3/d）。

在包气带中，岩土体水分的补给项和排泄项对于水文循环和地下水资源的管理至关重要。补给项包括降水入渗量、灌溉入渗量等，这些是岩土体水分得以补充的重要途径。降水入渗量指降水通过土壤表面渗入地下，成为地下水的来源之一；而灌溉入渗量则指灌溉水进入土壤后渗入地下的量，对于农业地下水资源的补给起着重要作用。排泄项包括植物蒸腾量、土面蒸发量、下渗补给地下水的量等。植物蒸腾量指植被在光合作用中蒸发的水分量，将土壤中的水分带至大气中；土面蒸发量指土壤表面水分直接蒸发到大气中的量；下渗补给地下水的量指土壤中的水分下渗到地下水层中，成为地下水。地下水补给项包括降水入渗量、灌溉入渗量、渠系入渗量、河流入渗量、侧向补给量、径流补给量等，这些补给项的存在保证了地下水的持续补给和循环利用。地下水的排泄项包括潜水蒸发量、人工开采量、侧向排泄量、泉排泄量、河流排泄量、越流排泄量等，这些排泄项影响着地下水的质量。

热均衡公式表示为

$$Q_{in} = Q_{out} + \Delta Q \tag{2-8}$$

式中：Q_{in}——热收入量（kW）；

Q_{out}——热支出量（kW）；

ΔQ——热储存量的变化量（kW）。

在包气带中，热的收入项包括太阳照射热量、大地热流量、地表水向岩土体散发的热量以及侧向传导流入的热量等。这些收入项是地下水热量的重要来源，其中太阳照射热量和大地热流量是最主要的两个收入项。支出项包括向大气散发的热量、向地表水散发的热量以及侧向传导流出的热量等，这些支出项会影响地下水热量的平衡和分布。

在地下水中，热的收入项包括太阳照射热量、大地热流量以及侧向传导流入的热量等。地下水中的热的收入项与包气带中的热收入项类似，但地下水中的热的收入项不包括地表水向岩土体散发的热量。热的支出项则包括向大气散发的热量、水排泄带走的热量以及侧向传导流出的热

量等，这些支出项会影响地下水的温度分布和热量传递。

在恒温带以下，由于没有太阳照射热量，热的收入项中不再包括太阳照射热量，而其他收入项和支出项的机制与包气带和地下水中的相似。

（2）地下水量折算法：地下水量折算法适用于地下水地源热泵适宜区浅层地温能可开采资源量的计算，其表达式如下：

$$Q_q = Q_h \times n \times \tau \tag{2-9}$$

式中：Q_q——评价区浅层地温能可开采量（kW）；

Q_h——单井浅层地温能可开采量（kW）；

n——可钻抽水井数（个）；

τ——土地利用系数。

其中，单井浅层地温能可开采量可按下式计算：

$$Q_h = q_w \Delta T \rho_W C_W \times 1.16 \times 10^{-5} \tag{2-10}$$

式中：q_w——单井出水量（m^3/d）；

q_w——地下水利用温差（℃）；

C_W——水的比热容（kJ/(kg·℃)）。

土地利用系数是指居民点、公共用地和其他用地的比例，其反映了土地利用情况。在进行地下水地源热泵工程时，需要综合考虑各种因素，包括土地利用情况、建筑布局、建筑负荷需求、建筑占地面积、资源承载力以及地下水连通性等。土地利用系数的确定对于地下水地源热泵工程至关重要。在实际应用中，需要根据每个分区中草地、园地、居民及工矿用地和未利用土地面积等占土地面积的百分比来计算。通过对各种用地类型的比例进行综合分析，可以确定合适的土地利用系数。以某地区的情况为例，如果居民点、公共用地和其他用地的比例为 27.81%，而考虑到地下水地源热泵工程的影响因素，取土地利用系数为 22%（27.81% 乘以 0.8），以充分考虑到建筑布局、建筑负荷需求等因素对土地利用的影响。

（3）地下水地源热泵适宜区可开采资源量评价方法的选择直接影响到热泵系统设计和工程实施的有效性。在此背景下，水热均衡法和地下水量折算法成为两种主要的评价方法。水热均衡法需要长期动态监测数据的支撑，通过对地下水热量平衡的动态监测和分析，来评价浅层地温能资源的可利用量。该方法的优势在于能够较为准确地评估地下水地源热泵系统对地热能的利用程度，为系统设计提供了可靠的依据。然而，水热均衡法需要大量长期的监测数据支持，并且数据处理和分析较为复杂，因此在实际应用中可能存在一定的难度。地下水量折算法具有操作性强、评估过程简单快捷的优点。该方法通过对地下水量的折算，较好地反映了地下水地源热泵利用浅层地温能资源的特点。由于地下水的温度相对稳定，通过对地下水抽取和利用的量进行评估，可以确定系统可开采的热能量。这种方法不仅降低了数据获取和处理的难度，还能够为热泵系统的规划和设计提供有效的指导。考虑到本次研究的具体情况和实际可操作性，本书选择地下水量折算法作为评价方法。这样不仅能够在保证评估准确性的基础上简化评价过程，还能够更好地反映出地下水地源热泵系统对浅层地温能资源的利用效果。

3. 地埋管热泵适宜区可开采资源量评价方法

换热量现场测试法适用于地埋管热泵经济区浅层地温能可开采资源量的计算，其表达式如下：

$$D_q = D \times n \times \tau \quad (2\text{-}11)$$

式中：D——单孔换热量（kW）；

n——可钻换热孔数（个）。

$$D = K_z \div 1\,000 \times \Delta T \times L \quad (2\text{-}12)$$

式中：K_z——综合传热系数（W/(m·℃)）；

ΔT——温差（℃），即为U形管内循环液平均温度与岩土体原始温度之差；

L——双 U 形地埋管换热孔长度（m）。

土地利用系数是反映土地利用水平的一种指标，对于地埋管地源热泵工程的规划和实施至关重要。在考虑土地利用系数时，除了考虑居民点、公共用地和其他用地的比例外，还需综合考虑建筑布局、建筑负荷需求、建筑占地面积以及资源承载力等因素的影响。对于地埋管地源热泵工程而言，土地利用系数的确定对于工程的可行性和效益至关重要。选择土地利用系数，要充分考虑地埋管地源热泵工程的特点和需要，以更好地保障工程的顺利实施和土地资源的合理利用。

4. 浅层地温能资源评价相关参数的分类

根据前面的评价方法分析，计算浅层地温能资源静态储量和可开采量时，需要确定多个关键参数。这些参数包括地温梯度、地层热导率、热储层厚度、热储层面积、热储层孔隙率和地下水补给量等。地温梯度影响单位深度的温度变化，地层热导率影响热传导效率，热储层厚度和面积则直接影响储热体积，热储层孔隙率反映了储层的储水能力，地下水补给量则影响了热储层的热稳定性和可持续利用能力。资源评价相关参数如表 2–1 所示，这些参数相互关联，共同影响浅层地温能资源的总体评价和开发利用潜力。通过准确测定和综合分析这些参数，能够更科学地评估浅层地温能的静态储量和可开采量，为地温能的合理开发提供可靠依据。

表2–1　资源评价相关参数分类表

基础参数	区域地质水文地质条件、第四系岩性和厚度、浅层地温能资源条件分区、地下水水位（m）、变温带厚度（m）
测量参数	黏性土天然密度（g/cm³）、黏性土热导率（W/(m·℃)）、黏性土天然含水率（%）、黏性土孔隙率（%） 单井出水量（m³/h）、单井回灌量（m³/h）、静水位（m）、动水位（m）、水温（℃） 换热量现场测试数据（进出水温度、流量、加热功率、时间）

续 表

计算参数	降深（m）、单位涌水量（$m^3/(h·m)$）、渗透系数（m/d）、抽水井影响半径（m）、回灌水温度场影响半径（m） 单孔换热量（kW）、综合传热系数（W/(m·℃)）、平均导热系数（W/(m·℃)）、地埋管温度变化范围、岩土体温度（℃）
经验参数	岩土体的比热容（kJ/(kg·℃)）、砂类土天然密度（g/cm^3）、砂类土天然含水率（%）、砂类土孔隙率（%）、土地利用系数
常量参数	水的密度（g/cm^3）、比热容（kJ/(kg·℃)） 空气的密度（g/cm^3）、比热容（kJ/(kg·℃)）

5. 浅层地温能资源评价相关参数的意义

（1）浅层地温能资源蕴藏在地下岩土体内，其储藏、运移以及开采利用均受到区域地质和水文地质条件的严格制约。不同区域的地质结构和水文特性直接影响地温能的利用方式和规模。了解当地的地质条件，可以判断岩土体的导热性能和储热能力，从而进行地温能资源的评价和开发。水文地质条件则决定了地下水的流动情况，影响热能的传递效率和系统的长期稳定性。由于地质和水文地质条件的差异，不同区域的浅层地温能资源在开发利用时会有不同的技术要求，产生经济效益。因此，全面了解和分析当地的地质和水文地质条件，是进行浅层地温能资源评价和制定开发利用策略的基础。

（2）根据浅层地温能资源的开发利用形式，结合项目的初投资、运行状况及地质环境等因素，需要对不同地区的地质和水文地质条件进行详细分析。这样可以划分出地下水地源热泵系统的适宜区、较适宜区、一般适宜区和严禁应用区。这种分区方法有助于因地制宜地选择适合的地温能开发技术，提高资源利用效率，降低投资风险。适宜区和经济区通常具有良好的地质和水文地质条件，能够保证系统的高效运行和长久稳定。而在一般适宜区和较经济区，虽然条件稍差，但通过优化设计和合理管理仍能实现对浅层地温能的有效利用。在严禁应用区和欠经济区，

由于地质条件或水文条件不利，开发利用浅层地温能会面临较大挑战，甚至可能造成环境问题，因此应慎重考虑。

（3）地下水水位是评价浅层地温能资源的重要参数。在评估静态储量时，将地下水面以上部分划分为包气带，地下水面以下部分划分为饱水带，并分别计算静态储量。地下水水位在地下水地源热泵适宜区可开采资源量评估中也起到关键作用。一方面，地下水水位影响单井的出水量，决定了井的抽水能力。另一方面，地下水水位影响单井的回灌量，影响热泵系统的稳定运行和可持续利用。

（4）地壳按热力状态从上到下可分为变温带、常温带和增温带。变温带的地温受到气温影响，表现出周期性的昼夜变化和年变化，土壤深度增加时这种变化幅度迅速减小。当气温影响趋于零的深度被称为常温带，在其之上的地层厚度为变温带厚度。变温带厚度是研究地温变化和浅层地温能资源的重要参数，影响浅层地温能的利用和系统设计。在变温带内，地温的波动与气温密切相关，对浅层地温能系统的效率和稳定性产生直接影响。

（5）岩土体天然密度：单位体积岩土体的质量称为岩土体的密度，是评价岩土工程性质的重要参数。岩土体密度影响地基承载力、沉降量及土压力等工程性质，在浅层地温能开发中起到关键作用。密度高的岩土体通常具有较好的承载能力和较低的压缩性，适合地源热泵系统的安装和运行。通过测定岩土体的天然密度，可以评估其力学性能和热物理特性，为设计提供基础数据。

（6）岩土体天然含水率：岩土体中水的质量与岩土体颗粒质量之比称为岩土体的天然含水率。天然含水率是衡量岩土体含水状况的重要指标，影响岩土体的物理和力学性质，对地基稳定性和地温能系统的设计具有重要意义。含水率高的岩土体通常表现出较高的可压缩性和较低的强度，可能影响地源热泵系统的运行稳定性和效率。通过测定天然含水率，可以评估岩土体的渗透性和导热性能，为浅层地温能开发提供关键数据。含水率的变化反映了岩土体的水分迁移和存储能力，影响热量传递和储存效果。

（7）岩土体孔隙率：岩土体中孔隙所占体积与总体积之比称为岩土体的孔隙率，是评价岩土体结构特征的重要参数。孔隙率影响岩土体的渗透性、储水能力和力学性质，对浅层地温能的开发利用有直接影响。高孔隙率的岩土体通常具有较好的透水性和较大的储水空间，有利于热量的传递和存储，可以提高地源热泵系统的效率。

（8）岩土体热导率：岩土体热导率指在岩土体内部垂直于导热方向取两个相距 1 m、面积为 1 m^2 的平行平面，当两个平面的温度相差 1 ℃时，在 1 s 内从一个平面传导至另一个平面的热量。热导率是衡量岩土体导热性能的重要参数，对浅层地温能系统的设计和性能有着重要影响。

（9）岩土体的比热容：岩土体的比热容指单位质量的岩土体温度升高 1 ℃所吸收的热量，或温度降低 1 ℃所释放的热量。这一参数在评估岩土体热物理性质时具有重要意义。比热容影响岩土体的热储存能力和温度调节特性，对浅层地温能系统的设计和运行有直接影响。高比热容的岩土体能够储存更多的热量，有助于地源热泵系统在季节性温度变化中保持稳定。通过测定岩土体的比热容，可以了解其热储存能力，为系统设计提供关键数据。

（10）单位涌水量：单位涌水量指在抽水井中抽水过程中，水位降深换算为 1 m 时的单井出水量，是评价地下水资源的重要指标。单位涌水量反映了井的出水能力和地下水资源的丰富程度，对地源热泵系统的设计和运行具有重要影响。通过测定单位涌水量，可以评估井的抽水效率和系统的补水能力，为设计提供关键数据。

（11）渗透系数：渗透系数是反映土体渗透能力的一个重要指标，表示水力梯度等于 1 时的渗透流速。渗透系数在评价地下水流动性和土体导水性方面具有关键作用。高渗透系数表明土体具有较强的透水能力，有利于地下水的快速流动和补给，有利于地源热泵系统的高效运行；低

渗透系数则可能导致地下水流动缓慢，影响系统的补水和散热效果。

（12）抽水井影响半径：抽水井影响半径指机井抽水时，水位下降导致井周围含水层的水向井内流动，形成以抽水井为中心的水位下降漏斗的半径。影响半径是评价抽水井性能和地下水资源利用的重要参数。影响半径的大小取决于含水层的渗透性和抽水量，直接影响抽水井的补水能力和系统的稳定性。

2.1.2　各类参数获取方法可信度评估

在评价和计算浅层地温能资源的静态储量和可开采量时，确定参数的准确性和可信度至关重要。这些参数主要可以分为基础数据、测试参数、计算参数、经验参数和常量参数五类。基础数据是评价过程的基础，包括区域地质水文地质条件、第四系岩性和厚度、浅层地温能资源条件分区、潜水位、岩土体温度、变温带厚度等。这些数据通常来自前期的地质勘探和水文地质调查，由于是通过科学的勘探和调查获得，具有较高的可信度。测试参数是通过抽水回灌试验和计算机软件模拟计算获得的，如单井出水量、回灌量、静水位、动水位、水温等。这些参数的获取过程相对直接，因此具有较高的可信度。计算参数是通过模拟计算得出的，如单位涌水量、渗透系数、抽水井影响半径、回灌水温度场影响半径等。这些参数的准确性取决于计算模型和输入参数的精度，因此需要进行科学验证和确认，以提高其可信度。经验参数是根据前期实践经验和相关文献资料确定的，通常具有一定的可信度，但需要根据实际情况进行适当修正和调整。常量参数是基于实验数据或理论推导确定的，如黏性土的天然密度、热导率、天然含水率及孔隙率等。这些参数具有较高的可信度，通常不受实地条件的影响。综合考虑以上参数获取方法和参数的可信度评估结果，可以确保浅层地温能资源的静态储量和可开采量的评价和计算结果准确可靠。

1. 基础参数和成果

区域地质和水文地质条件、第四系岩性及其厚度、浅层地温能资源条件分区、潜水位、岩土体温度、变温带厚度等数据是通过对往年的地质水文地质资料进行整理和分析得来的。这些数据对于计算浅层地温能资源量来说是必不可少的，为大量的地源热泵工程项目提供了重要的指导。通过大量精度较高的地质和水文地质资料，可以较为准确地按某地区的地源热泵适宜性进行分区，从而实现地源热泵发展的合理规划。利用这些资料，也能较为准确地评估和计算地区内浅层地温能资源的储量。在重庆地区，对地质和水文地质的详细调查为地源热泵技术的应用提供了坚实的基础。地源热泵系统依赖于地下的温度稳定性，而对温度稳定性的评估依赖于对第四系岩性、潜水位和岩土体温度等因素的深入理解。地区内变温带的厚度分析进一步加强了对地温梯度和热传导性能的理解，这对于设计高效的地源热泵系统至关重要。

以往的工作执行了相关的规范和标准，确保了工作的扎实可靠性，并取得了具有实用性和可行性的成果资料。这些成果资料为评价计算地区浅层地温能储量提供了可靠的基础数据，包括地层结构、地下水赋存状况、第四系岩性组合特征、富水性、地下水动态、岩土体温度等信息。这些数据的可靠性得益于遵循相关规范和标准的工作实施过程，保证了数据的科学性和准确性。虽然浅层地温能资源勘查目前缺乏专门的规范，但是可以参照《地热资源地质勘查规范》(GB/T 11615—2010)。此外，地区现有的地质、水文地质、物探资料已达到普查水平，部分地区甚至已达到详查水平，这些资料可以用于浅层地温能勘查。虽然缺乏专门的规范，但仍可以利用已有的资料进行浅层地温能资源量的评价计算。这些资料的充分利用可以为地区的浅层地温能资源量评估提供可靠的依据。通过对地质、水文地质、物探等方面资料的综合分析，可以对地下热能的分布、储量进行科学评估。此外，参照相关规范和标准，确保勘查工作的规范性和科学性，可以进一步提高评估结果的可信度和准确性。

2. 测量参数

（1）参数获取的规范性。黏性土天然密度、黏性土热导率、黏性土天然含水率、黏性土孔隙率等参数是通过钻孔取原状土样，然后在试验室内进行测试分析得到的。钻孔取样、封装、运送严格执行《岩土工程勘察规范》（GB/T 50021—2001）相应标准，土样测试分析执行《土工试验方法标准》（GB/T 50123—2019），测试部门具有国家资质。

单井出水量、单井回灌量、静水位、动水位、水温等参数是通过抽水试验和回灌试验，利用测试仪器，按照《供水水文地质勘察规范》（GB 50027—2001）、《供水水文地质手册》相关要求获得的。

换热量现场测试数据是通过测试仪器在地源热泵工程项目现场进行测试获得的，主要包括进出水温度、流量、加热功率、时间等参数。这些数据的准确性和可靠性对于评估地源热泵系统的性能和效率至关重要。在进行换热量现场测试时，所使用的测试仪器和测试方法、程序是经过了大量地源热泵实际运行项目证明了其有效性和可行性的。通过对进出水温度、流量、加热功率等参数的准确测量和记录，可以全面评估地源热泵系统的换热效率和性能指标。换热量现场测试的数据对于地源热泵工程的设计、调试和运行管理具有重要意义。通过实时监测系统的运行情况，及时发现和解决问题，提高系统的运行效率和稳定性。同时，通过长期积累的测试数据，可以为地源热泵系统的性能评价和优化提供科学依据和参考。

（2）参数获取的科学性。由于岩土样本数量众多且种类繁杂，测试误差不可避免地会导致部分数据出现畸变或异常。为了确保数据的准确性和可靠性，需要采用有效的数理统计方法对测试数据进行处理。一种常用的方法是采用最小二乘拟合法，通过该方法可以对数据进行合理的拟合和处理，从而排除异常数据的影响，提高数据的可信度和可用性。最小二乘拟合法是一种经典的数学方法，通过最小化观测值与拟合值之间的残差平方和，来确定最优拟合曲线或曲面，从而实现对数据的有效处理和分析。其计算公式如下：

$$y = a + bx \tag{2-13}$$

式中：

$$\begin{cases} ma + \left(\sum_{i=1}^{m} x_i\right) b = \sum_{i=1}^{m} y_i \\ \left(\sum_{i=1}^{m} x_i\right) a + \left(\sum_{i=1}^{m} xi^2\right) b = \sum_{i=1}^{m} x_i y_i \end{cases} \tag{2-14}$$

$$h_{1\leqslant i\leqslant m}^{\max} \left|(a + bx_i) - y_i\right| \cdot 0.618 \tag{2-15}$$

其中，$\left|(a+bx_i)-y_i\right| > h$ 的数据即为异常点。将此算法通过MATLAB软件编制成操作程序，输入对应数据，即可完成异常点剔除。

（3）参数获取的客观性。为确保所得测试数据的客观性和准确性，笔者抽取岩土样本的10%，并将其送至其他具备相关资质的测试机构进行测试。这样的双重检验可以有效避免数据的片面性，确保数据的客观性和可靠性。在进行测试的过程中，要求两个测试机构严格按照同一标准和方法进行测试，以确保测试结果的一致性。只有当两个机构测试结果完全吻合时，才能确认所得到的数据具备客观性，可以作为后续工作的基础和依据。

3. 计算参数

（1）合理性。地下水位降深、渗透系数、单位涌水量、抽水井影响半径、回灌水温度影响半径等参数是对抽水试验获得的数据进行计算得出的，因此具有一定的理论基础和科学可靠性。通过对这些参数进行计算，可以较准确地评估地下水资源的开采潜力和对地下水系统的影响程度，为地下水资源的合理利用提供重要依据。单孔换热量、综合传热系数、平均导热系数、地埋管温度场变化范围等参数则是根据换热量现场试验数据计算得出的。这些参数的计算基于热传导理论，使用了数值模拟、正反演绎和计算公式等方法，其推导和计算过程相对成熟和可靠。

通过计算这些参数，可以对地埋管系统的换热效率和性能进行准确评估，为地埋管地源热泵系统的设计和运行提供科学依据。

（2）影响因素考虑充分性。抽水井影响半径和回灌温度场影响半径是通过数值模拟计算得出的。在进行数值模拟计算时，要考虑到多种因素对地下水流场的影响，如地下水补给、径流、排泄等，确保模拟结果的准确性和可靠性。通过对地下水流场的模拟计算，可以较为准确地评估抽水井和回灌温度场的影响范围，为地下水地源热泵系统的设计和布局提供了科学依据。

而单孔换热量、综合传热系数、平均导热系数、地埋管温度场变化范围等参数是通过对换热量现场试验数据进行计算得来的。在试验数据的获取和处理过程中，要充分考虑到地域的地质环境因素。试验数据的综合反映了岩土体的特性，并结合了数值模拟计算、正反演拟合计算等方法，从而准确地评估了地埋管系统的性能和换热效率。通过对地埋管所处地质环境的充分考虑，确保参数计算结果的科学性和可靠性，为地埋管地源热泵系统的设计和运行提供了重要支持。

（3）参数的实用性。将通过数值模拟计算得到的抽水井、回灌井以及地埋管温度场影响范围等参数，与实际工程实践中采用的数据进行比较，发现两者具有较高的一致性。这一事实表明，通过数值模拟计算得出的参数具有相当的实用性，可以为地源热泵工程的实际设计和运行提供有效的指导和支持。抽水井、回灌井以及地埋管温度场的影响范围是地源热泵系统设计中非常关键的参数。这些参数直接影响着系统的运行效率、能源利用效率以及环境影响等方面。将通过数值模拟计算得到的这些参数与工程实践中所采用的数据比较，发现两者表现出了较高的一致性和可比性。这说明数值模拟计算得到的参数具有相当的可靠性和实用性，能够为地源热泵工程的实际应用提供重要的参考依据。在工程实践中，地源热泵系统的设计和运行往往需要考虑到复杂的地质条件、水文地质特征以及周围环境的影响因素。因此，准确地评估抽水井、回灌井以及地埋管温度场的影响范围对于系统的性能和效率至关重要。通过数值模拟计算得出的参数，能够较为准确地反映出这些影响因素，并为工程实践提供了重要的参考依据。

4. 经验、常量参数

经验参数是通过大量的工程实践总结而来的，通常是一些规范标准所推荐使用的参数，也是被普遍采用的参数。这些参数经过长期的验证和实践应用，具有一定的可靠性和实用性。经验参数受地质条件影响较小，其变化范围相对较小，因此在地源热泵工程设计和运行中具有一定的稳定性和可靠性。与经验参数相对应的是常量参数，这些参数是一些固定的数值，一般不会随着时间或地质条件的变化而发生改变。常量参数的固定性使它们在地源热泵工程的设计和计算过程中起到了重要的作用。

2.2　浅层地温能分区目的与原则

浅层地温能资源是一种存在于地下岩土体和地下水中的低温热能资源，其温度通常低于 25 ℃。在当前的技术和经济条件下，这种资源具备了开发利用的价值。然而，浅层地温能资源的产生、形成以及开发利用受到多种因素的影响和制约，其中包括地层结构、岩性、热物性、地下水情况等诸多方面。

为了有效地开发利用这一资源，必须进行地质条件的研究，并根据不同的地质特征划分出不同的区域。这样的划分不仅有助于人们更好地了解各个区域的地热资源潜力，还能为资源的开发利用提供科学依据和指导。划分浅层地温能分区的目的和原则如下：

划分浅层地温能分区的目的在于全面了解不同地区的地质条件和地下水情况，为资源的开发利用提供科学依据。通过对地层结构、岩性、

地下水特征等因素的研究，可以确定每个区域的地热资源潜力，从而有针对性地开展资源开发工作。划分浅层地温能分区的原则是科学、合理、可操作性强。在划分过程中，需要充分考虑地质条件的复杂性和多样性，确保划分结果具有科学性和可靠性。同时，划分方案应具有实际操作性，能够为地热资源的开发利用提供实际指导。另外，划分浅层地温能分区还需要综合考虑地下水的动态变化、水质情况以及地下水与地层岩土体的相互作用等因素。这些因素对地热资源的分布和利用具有重要影响，必须在划分过程中加以综合考虑。

2.2.1　分区目的

浅层地温能分区的目的是通过综合调查和评价，明确不同区域的地质和地热特征，论证能源开发和利用前景，并进行适宜区规划。这有助于优化资源开发，确保浅层地温能的高效和可持续利用。

浅层地温能开发利用适宜性分区的目的如下：

1. 区域勘查评价方法选择的前提

浅层地温能资源的开发利用是一项复杂而系统的工程，其成功与否在很大程度上取决于前期的区域勘查评价工作。选择区域勘查评价方法不仅是整个开发利用过程的基础性工作，更是确保开发项目科学性、经济性和可持续性的关键。要选择合适的区域勘查评价方法，必须充分了解和分析区域地质条件、岩性特征、热物性参数、地下水状况等因素。

不同区域的地质条件各异，直接影响浅层地温能资源的分布和赋存状态。地层结构的复杂性和多样性决定了勘查方法的多样性和复杂性。在地质条件较为复杂的地区，如存在多种地层类型、岩石组合和地质构造，选择勘查评价方法时必须综合采用地质调查、地球物理勘探、钻探取样等多种手段，确保获取全面和准确的地质信息。而在地质条件相对简单的地区，可以选择较为简便和高效的勘查方法，从而提高工作效率和降低成本。无论地质条件如何，准确了解地层结构和构造特征都是选择合适的勘查评价方法的基础，这样才能确保勘查结果能够真实反映浅层地温能资源的实际情况。

不同岩性的岩石具有不同的物理特性和化学特性，这些特性直接影响地温能的传导和储存能力。详细了解区域内岩石的种类、分布及其热物性参数，有助于确定适宜的勘查方法。在岩性均匀且热导率较高的区域，可以采用标准化的地球物理勘探方法，以较少的钻探取样获取可靠数据；而在岩性复杂且存在明显差异的区域，则需要增加钻探取样的密度和深度，结合实验室测试数据和现场实测数据，进行综合分析和评估。这些岩性特征不仅影响勘查方法的选择，还影响到后续的资源评价和开发利用方案的制定。

热导率、比热容和热扩散率等热物性参数直接影响地温能资源的开发潜力和利用效果。在勘查评价过程中，需要通过现场测试和实验室分析，准确测定岩土体的热物性参数。这些参数反映了岩土体的热传导能力和热储存能力，是选择勘查方法的重要依据。例如，在热导率较高的区域，可以采用较为简单的地表热流法进行勘查；而在热导率较低的区域，则需要采用更加复杂的热响应测试方法，以确保获取准确的热物性参数。通过详细测定和分析热物性参数，可以为勘查评价提供科学依据，确保勘查结果的准确性和可靠性。

地下水的存在及其动态变化对浅层地温能资源的开发利用具有重要影响。详细了解地下水的补给来源、流动路径、流速和水质特征，是选择合适勘查方法的基础。在地下水丰富且流动性较好的区域，可以优先采用抽水试验和回灌试验等方法，评估地下水资源的可利用性和补给能力；而在地下水贫乏或流动性较差的区域，则需要结合水文地质调查和地球物理勘探，综合评估地下水资源的状况和开发潜力。地下水的水质情况也需要进行详细分析，确保水质符合地源热泵系统对水质的要求。在勘查评价过程中，通过综合调查和分析地下水状况，可以为资源开发提供可靠的基础数据，确保勘查评价方法的科学性和实用性。

浅层地温能资源的赋存和分布受多种因素的共同影响，在勘查评价过程中，必须采用多种技术和手段进行综合评估，以获取全面和准确的资源信息。例如，可以采用地质调查、地球物理勘探、钻探取样、热物性测试和水文地质调查等方法，形成一个完整的评价体系。这种综合性和多样性的原则不仅可以提高勘查评价的科学性和准确性，还可以确保资源评价全面、有代表性，为后续的开发利用提供可靠依据。

选择区域勘查评价方法时，还必须结合当前的技术条件和经济条件。技术条件包括勘查设备的先进性、操作人员的技术水平和勘查方法的适用性；经济条件包括勘查成本、投资回报和项目的经济可行性。在技术条件允许的情况下，应优先选择先进、可靠的勘查方法，以获取高质量的资源信息；在经济条件有限的情况下，则需要在确保勘查质量的前提下，优化勘查方案，降低勘查成本，提高经济效益。例如，在资金和技术条件充足的情况下，可以采用高精度的地球物理勘探和实验室分析方法，获取详细的资源信息；而在资金和技术条件有限的情况下，则需要选择成本较低且适用性强的勘查方法，以实现资源评价的基本目标。

对实际应用效果的验证也是选择区域勘查评价方法的重要前提。理论需要通过实际应用来验证，这样才能确保方法的可行性和有效性。在勘查评价过程中，应进行试验性勘查和小范围试点，通过对比分析不同方法的实际效果，验证所选方法的准确性和适用性。例如，通过在不同区域进行试验性钻探取样，验证地质条件和热物性参数的一致性和代表性；通过对比不同地球物理勘探方法的结果，验证其精度和适用性。这些实际应用效果的验证，为最终选择适宜的区域勘查评价方法提供了实证依据，确保勘查评价工作的科学性和可靠性。

浅层地温能资源的开发利用需要兼顾环境保护。勘查评价方法的选择应考虑对环境的影响，确保勘查活动对生态环境的破坏最小。在进行钻探取样时，应采用环保型钻探设备，减少对地表和地下环境的扰动；在进行地下水调查时，应采取措施防止地下水污染。在勘查评价过程中，需要充分评估勘查活动对环境的影响，采取科学、合理的环境保护措施，确保勘查活动的环境友好性。

科学研究和技术创新是选择区域勘查评价方法的动力和方向。随着科学技术的发展，新的勘查技术和方法不断涌现，为浅层地温能资源的勘查评价提供了更多选择。在勘查评价过程中，应积极应用新技术、新方法，提高勘查工作的效率和准确性。例如，地热响应测试技术、三维地质建模技术、遥感技术等，在浅层地温能资源的勘查评价中发挥了重要作用。通过不断推进科学研究和技术创新，可以为勘查评价提供更先进的手段和方法，推动浅层地温能资源的科学开发和合理利用。

2.具体工程勘察设计选择的依据

具体工程勘察设计的选择是浅层地温能开发利用过程中至关重要的一环。工程勘察设计不仅需要考虑勘察数据的准确性和科学性，还必须考虑实际工程需求、地质条件、经济效益等多方面因素。以下从多个角度深入探讨具体工程勘察设计选择的依据，以确保设计方案的科学性、可行性和经济性。

工程勘察设计的选择必须基于详细的地质调查和分析。不同地区的地质条件差异很大，其直接影响浅层地温能资源的开发可行性和利用效率。详细的地质调查可以提供地层结构、岩性、构造特征等重要信息，为工程设计提供基础数据。在地质条件复杂的区域，如存在多层次的地层、断裂构造或岩石类型多样，设计方案必须充分考虑这些因素，选择适宜的勘察方法和技术。例如，在断层密集的区域，必须进行详细的地震勘探和钻探，以准确确定断层位置和性质，避免工程设计和施工过程中遇到不可预见的问题；而在岩石类型多样的区域，则需要对不同类型岩石的热物性参数进行详细测定，以确保设计方案的适用性和可靠性。

自然因素和人为因素都会导致地质条件的变化，如季节性温度变化、地下水位波动、地质构造活动等。这些变化对浅层地温能系统的长期稳定性和可持续利用具有重要影响。在设计过程中，必须综合考虑这些动

态变化因素，长期进行监测和预测。在温度变化较大的地区，必须考虑地层温度的季节性波动，对换热器的布局和运行策略进行优化；在地下水位变化明显的区域，需要设计适应性强的系统，以确保系统在不同水位条件下都能高效运行。通过动态监测和预测，可以为系统的设计提供科学依据，确保系统的长期稳定性和可持续性。

具体工程勘察设计还需要结合经济效益进行评估。经济效益包括初期投资成本、运行维护成本、能源利用效率、投资回报周期等多方面内容。在设计过程中，必须综合考虑这些经济因素，优化设计方案，降低成本，提高经济效益。在地质条件较好的区域，可以设计较为简便的换热系统，降低施工难度和投资成本；在地质条件复杂的区域，虽然初期投资较高，但通过优化设计和提高系统效率，可以实现长期的经济回报。在经济评估过程中，需要进行成本效益分析，比较不同设计方案的投资回报，选择最经济的方案。

在具体工程勘察设计过程中，还需要充分考虑项目的实际应用效果。方案必须通过实际应用来验证，才能确保设计方案的可行性和有效性。在设计过程中，应进行试验性设计和小范围试点，通过实际应用验证设计方案的效果。例如，可以在不同地质条件和水文条件下验证设计方案的适用性和可靠性；通过实际运行数据，评估系统的运行效果和经济效益。对实际应用效果的验证，为优化设计方案提供了实证依据，确保设计工作的科学性和可操作性。

3. 政府规划、项目审批的依据

在浅层地温能资源开发利用过程中，政府规划和项目审批不仅关系到项目的合法性和合规性，还直接影响到项目的科学性、可行性和可持续性。为了确保规划制定和项目审批的科学性，政府需要综合考虑多方面的因素。

浅层地温能资源的开发利用需遵守环境保护、资源管理、土地使用等多方面的政策法规，确保项目的合法性和合规性。国家和地方政府对地热资源的开发利用有一系列政策法规，要求在开发过程中进行环境影响评估、资源评估和安全管理。政府部门需要详细审查项目是否符合这些政策法规，确保项目在法律框架内进行，保护公众利益和环境安全。

浅层地温能资源的开发利用不仅具有经济效益，还具有显著的社会效益。政府在制定规划和审批项目时，需要综合考虑项目对当地经济发展、社会进步和民生改善的贡献。例如，项目是否能够带动当地就业，是否能够促进地方经济发展，是否有助于提升居民生活质量等，都是政府评估的重要内容。通过综合考量经济效益和社会效益，政府可以制定更加科学合理的规划，推动项目的实施，为地方经济发展和社会发展做出贡献。

在浅层地温能资源开发利用过程中，公众的参与和监督可以提高项目的透明度和公信力，确保项目实施的公开、公正和公平。政府在制定规划和审批项目时，应建立健全公众参与机制，广泛听取公众意见，充分考虑公众的利益和关切。通过公众听证会、意见征集、环境影响公示等方式，让公众参与项目的决策过程，了解项目的实施情况和预期影响，提出意见和建议。公众参与不仅有助于提高项目的透明度，还能够增强公众的环境保护意识，促进项目的顺利实施和可持续发展。

在浅层地温能资源开发利用过程中，科学研究和技术创新能够为浅层地温能资源的开发利用提供先进的技术手段和方法，推动项目的高效实施和持续发展。政府在制定规划和审批项目时，应鼓励和支持科学研究和技术创新，推动先进技术的应用，提高项目的科学性和技术水平。通过支持科学研究和技术创新，政府可以推动行业技术进步，提升项目质量和效益。

浅层地温能资源的开发利用应以可持续发展为目标，实现经济效益、社会效益和环境效益的协调统一。政府在制定规划和审批项目时，应坚持可持续发展的理念，综合考虑资源利用、环境保护、经济效益和社会效益等，制定科学合理的规划和政策，推动项目的可持续发展。通过制

定资源管理政策，确保浅层地温能资源的合理开发和利用；通过推广可再生能源技术，促进能源结构优化和节能减排；通过实施环境保护措施，保护生态环境和生物多样性。坚持可持续发展的理念，可以确保项目的长期效益，实现经济发展和环境保护的双赢。

在浅层地温能资源开发利用过程中，政府部门应确保项目审批过程的公开、公正和公平。通过公开招标和竞争性谈判，选择最具实力和最有经验的企业负责项目；通过建立公开的审批程序和监督机制，确保审批过程的透明和公正；通过加强信息公开和公众参与，让公众了解项目的实施情况和进展。这些措施可以提高政府规划和项目审批的透明度和公信力，促进项目的顺利实施和可持续发展。

2.2.2　分区原则

在浅层地温能资源的开发过程中，科学合理的分区是实现资源高效利用的基础。为了确保分区的科学性和实用性，需要遵循一系列原则。这些原则不仅涉及地质和水文地质条件，还涉及热泵技术的应用、经济和技术的结合、环境保护以及空间控制等方面。下面详细阐述这六个分区原则：

1. 地质条件是基础

地质条件是浅层地温能资源赋存的基础条件。岩土体的结构、物质组成、颗粒度和热导率等直接影响着浅层地温能资源的形成和分布。岩土体的结构决定了其热传导性能和热储存能力。致密的岩石层通常具有较高的热导率，能够更有效地传导地热能，而松散的砂土层则可能具有较高的热储存能力。岩土体的物质组成和颗粒度也会影响地热能的储存和传导。不同类型的岩石和土壤具有不同的热物性参数，这些参数直接影响地源热泵系统的设计和运行效果。因此，在分区过程中，必须详细研究区域的地质条件，了解岩土体的结构和组成，测定其热导率和其他热物性参数，为科学合理地划分浅层地温能资源区提供依据。

2. 水文地质条件是依托

水文地质条件是浅层地温能资源开发利用的重要依托。岩土体的含水率、含水层的分布、水动力条件以及地下水的径流特点，均对能量的流动和分布产生重要影响。地下水不仅可以显著提高地源热泵系统的热交换效率，还可以通过流动，实现热能的广泛传播和储存。含水层丰富且水动力条件良好的区域，适合采用水源热泵系统，通过抽取和回灌地下水，实现高效的热交换。在这些区域，地下水的流动可以促进热量均衡分布，提高系统的整体效率和可持续性。在地下水资源贫乏或流动性差的区域，则需要更为谨慎地评估其开发利用潜力，可能需要采用闭式地源热泵系统，以减少对地下水的依赖。

3. 热泵应用技术是媒介

热泵技术是实现浅层地温能资源有效开发利用的主要手段。目前，浅层地温能资源的开发利用主要有两种形式：水源式热泵和地源式热泵。这两种技术各有优缺点，适用于地质和水文地质条件不同的区域。水源热泵系统通过抽取地下水进行热交换，然后将水回灌地下，这种方式在地下水资源丰富且水质良好的区域应用效果较好。地源热泵系统则通过埋设在地下的换热器，与土壤或岩石进行热交换，这种方式在地下水资源有限或水质较差的区域更为适用。在分区过程中，需要根据区域的地质和水文地质条件，选择适宜的热泵技术，确保资源开发的经济性和可持续性。在地下水丰富的区域，可以优先考虑水源热泵系统；而在地下水贫乏或水质较差的区域，则应选择地源热泵系统。通过科学合理地选择热泵技术，可以最大限度地发挥浅层地温能资源的潜力，实现高效利用。

4. 经济与技术相结合的原则

浅层地温能资源的开发利用必须考虑经济效益和技术可行性，以确保项目的经济性和可持续性。在当前技术和经济条件下，选择经济效益

较好的开发利用方式，是实现资源高效利用的重要原则。在分区过程中，需要对不同区域的地质和水文地质条件进行详细评估，结合当前的技术水平，选择最具经济性的开发方式。例如，在地质条件良好、地下水资源丰富的区域，可以采用成本较低、效率较高的水源热泵系统；而在地质条件复杂、地下水资源有限的区域，则可能需要采用技术要求更高、成本较高的地源热泵系统。此外，还需要进行详细的分析，评估不同开发方式的投资成本、运行成本和预期收益，确保项目的经济可行性。通过综合考虑经济和技术因素，可以实现资源的高效开发和利用，提高项目的整体效益。

5. 地温能资源开发利用与地质环境保护相结合

浅层地温能资源的开发利用必须与地质环境保护相结合，确保在实现资源利用的同时，最大限度地保护地质环境和生态系统。在分区过程中，需要详细评估开发活动对地质环境的潜在影响，制定科学合理的环境保护措施。在进行地下水抽取和回灌时，需要防止污染地下水和破坏地层；在埋设地源热泵换热器时，需要避免对生态系统造成破坏。在开发利用浅层地温能资源的过程中，应采取一系列环境保护措施，如采用环保型施工技术、设置环保监测系统、制定环境恢复方案等，确保开发活动对环境的影响最小化。通过将地温能资源开发利用与地质环境保护相结合，可以实现资源开发的可持续性，保护生态环境，促进人与自然的和谐共生。

6. 平面划分与垂向控制相结合

浅层地温能资源的分布具有平面和垂向上的多样性，因此在分区过程中，需要将平面划分与垂向控制相结合，全面了解和评估资源的空间分布特征。平面划分指根据地质条件和水文地质条件，将浅层地温能资源区划分为若干个不同的区域，每个区域具有相对一致的地质和水文特征。垂向控制指在垂直方向上，详细评估不同深度的地温能资源分布情况，确定适宜的开发深度和开发方式。通过平面划分与垂向控制相结合，可以全面了解浅层地温能资源的空间分布特征，为科学合理地制定开发方案提供依据。例如，在地质条件和水文条件较好的区域，可以选择较浅的开发深度，采用高效的热泵系统；在条件较差的区域，则需要选择较深的开发深度，采用适应性更强的技术。综合考虑平面和垂向上资源的空间分布特征，可以实现浅层地温能资源的高效利用，提高系统的整体效益和可持续性。

2.3 浅层地温能分区方法与指标

2.3.1 地下水热泵适宜性分区

1. 分区方法

层次分析法（AHP）是一种广泛应用于决策分析的方法，它既能处理定性问题，又能处理定量问题，因此在解决复杂的决策问题时具有实用性和有效性。层次分析法由托马斯·塞蒂于 20 世纪 70 年代中期首次提出，随后它被广泛应用于经济、管理、能源、军事、教育、环境等领域。层次分析法的核心思想是将一个复杂的决策问题层次化，将问题分解成若干个层次，从总目标到具体目标，再到备选方案，形成层次结构。在每一层次中，通过对不同因素之间的两两比较，确定不同因素的相对重要性，最终得出每个备选方案的综合得分，从而进行决策。在地温能资源分区的过程中，层次分析法可以被应用于以下几个方面：

首先，确定评价因素。在分区过程中，需要考虑多个因素，如地层结构、岩性、地下水情况等，这些因素对地温能资源的分布具有不同的影响程度。通过运用 AHP，可以对这些因素进行层次化的比较，确定各因素之间的相对重要性，从而确定评价因素。

其次，制定评价指标。在每个评价因素下，需要制定具体的评价指标，如地下水的静水位、水温、地下水类型等。通过运用层次分析法，可以对这些评价指标进行两两比较，确定它们的权重，从而量化地温能资源的各项影响因素。

最后，进行地区划分。在确定了各评价因素和指标的权重之后，可以根据这些权重对地区进行划分。通过运用层次分析法，可以将地区划分为不同的区域，每个区域具有不同的地温能资源特征和资源潜力，为地温能等的开发利用提供科学依据。

运用层次分析法处理复杂的决策问题，包括四个基本步骤。在这四个步骤中，每个步骤都是必不可少的，以确保决策过程的准确性和可靠性。

（1）确定决策的目标，并对影响该目标的因素进行分类，建立一个多层次结构。通过将决策问题分解，形成一个层次结构，使做决策更具可操作性。

（2）比较同一层次中各因素相对于上一层次的同一个因素的相对重要性，构造成对比较矩阵。在这一步骤中，决策者需要对每个因素进行两两比较，并根据其相对重要性填写成对比较矩阵。

（3）通过计算检验成对比较矩阵的一致性，并在必要时对成对比较矩阵进行修改，达到可以接受的一致性水平。这是确保决策过程的准确性和可靠性的关键步骤，因为一致性检验可以帮助决策者发现可能存在的偏差或矛盾，并及时进行修正。

（4）在满足一致性检验的前提下，计算与成对比较矩阵最大特征值相对应的特征向量，确定每个因素对上一层次该因素的权重。通过这一步骤，决策者可以量化每个因素的相对重要性，为后续决策提供依据。

2. 评价体系的构建

评价体系由三层构成，从顶层至底层分别由系统目标层（object, O）、属性层（attribute, A）和要素指标层（factor, F）3 级层次结构组成。O 层是系统的总目标，即浅层地温能地下水热泵适宜区划分；A 层是属性指标层，由地质、水文地质条件（X_1）、水动力场（X_2）、水温场（X_3）、水化学场（X_4）、地质环境（X_5）、经济成本（X_6）指标组成；F 层是要素指标层，由地下水系统、地层结构、含水层出水能力、含水层回灌能力、潜水流场、承压水流场、地下水热传导速率、地下水热影响范围、地下水水质、水源地的保护、地面沉降、地裂缝、投资成本和运行成本等 14 个指标构成。

3. 分区步骤

借助层次分析法和 GIS 技术的图层制作、空间分析、叠加功能，实现对浅层地温能地下水热泵适宜区的分区评价。

（1）浅层地温能评价程序的编制。使用 MATLAB 编写浅层地温能综合评价的程序。

（2）判断矩阵的构建和权值确定。根据层次分析法的要求，通过调查统计和室内研究分析，对各层次对应的要素指标的重要性进行了判断比较。这样有利于确定不同影响因素对适宜性分区划分的影响大小，并给出相应的权值。

（3）要素指标层图层制作和指标提取。首先，通过对要素指标层各指标进行计算和归一化处理，完成各指标的量化工作；其次，利用 GIS 图形制作功能，编制各要素指标的图层，并利用 GIS 软件的空间分析功能对这些图层进行指标提取；最后，根据评价的要求，完成各文件的制作，确保评价工作的准确性和有效性。

（4）综合评价。运行浅层地温能综合评价程序，输入要素指标层提取保存的文件和判断矩阵文件，对要素层、属性层、目标层进行计算。综合评价的计算公式如下：

$$R_k = \sum_{i}^{n} \alpha_i X_i \qquad (2\text{-}16)$$

式中：R_k —— k 层的综合评价指数，k 取要素层、属性层、目标层的层

号 F、A、O；

α_i——k 层下一层的评价参数的权重；

X_i——k 层下一层的评价参数；

n——k 层下一层的评价参数个数。

根据程序运行计算结果，首先将其按照 0.8 ～ 1.0、0.6 ～ 0.8、0.3 ～ 0.6、0 ～ 0.3 的范围分为四个级别：适宜区、较适宜区、一般适宜区和不适宜区。然后，利用 GIS 技术进行图形制作，将这些不同级别的区域清晰地展示在地图上，以便进一步地分析和应用。

4. 指标的选取

在水源换热系统勘查中，选取合适的指标至关重要。这些指标包括地质和水文地质条件，以及相关的参数和资料，如地下水资源状况和问题、回灌方式和能力，以及回灌水温度对地温场的影响等。此外，还需要了解研究区可循环利用的最大水量，以及热泵系统的投资费用和运行成本等因素。这些指标的选取有助于全面评估水源换热系统的适用性和可行性，为后续的工程设计和实施提供重要参考。

（1）地质、水文地质条件。通过对研究区域进行地质和水文地质条件的勘察，可以全面了解地下水的情况，包括地下水的类型、含水层的岩性、分布、埋深和厚度，以及含水层的富水性和渗透率等重要信息。这些数据有助于确定地下水源热泵系统在该地区的适用性和可行性。了解地下水的类型对于地下水源热泵系统的设计和运行至关重要。不同类型的地下水可能具有不同的温度、水质和含水层特征，这会影响到热泵系统的效率和稳定性。另外，含水层的岩性、分布、埋深和厚度也会影响地下水的赋存情况和分布特征，从而影响地下水热泵系统的设计和布局。除了地下水的赋存情况，还需要考虑地下水的出水能力和回灌能力。这些参数直接影响到地下水热泵系统的运行效率和稳定性。出水能力和回灌能力较强的地区更适合布置地下水热泵系统，而在水资源稀缺或者出水能力较低的地区可能需要采取其他措施来提高系统的效率。地下水的水温、水质和水位动态变化也是评估地下水热泵系统适用性的重要考虑因素。这些参数会直接影响到系统的热交换效率和运行稳定性，因此需要在评估过程中充分考虑。

（2）地下水动力场。通过分析地下水动力场的现状情况，可以全面了解地下含水层的厚度、地下水流动状况以及地下水降落漏斗分布等关键信息。

地下含水层的厚度是地下水热泵系统设计和运行的重要参数之一。了解地下水动力场可以帮助确定地下含水层的厚度范围，进而确定热泵系统的设计参数和布局方案。对地下水流动状况的分析可以用来评估地下水资源的可开采性。通过研究地下水动力场，可以了解地下水的流向、流速和流量等关键信息，从而确定地下水资源的可利用程度和开采潜力。地下水降落漏斗分布是评估地下水资源的重要依据之一。通过分析地下水动力场，可以确定地下水降落漏斗的位置、规模和分布情况，进而评估地下水资源的分布特征和潜在开采量。地下水超采状况的分析也是评估地下水热泵系统适宜性的重要考虑因素。通过研究地下水动力场，可以了解地下水的超采情况，从而评估地下水资源的可持续开发和利用潜力。

（3）水温场。水温场直接影响地下水的热传导速率和热扩散速率，从而对地下水热泵系统的换热效率产生重要影响。地下水的水温随季节、地质条件和地表温度等因素的变化而变化。了解水温场的分布情况，可以帮助预测地下水的温度变化规律，从而合理设计和调控地下水热泵系统的运行模式，提高系统的能效和稳定性。地下水的水温是地下水生态系统的重要组成部分，直接影响地下水中的生物生长和生态平衡。因此，研究水温场的变化对于保护地下水生态环境和保障地下水资源的可持续利用具有重要意义。热泵系统的运行会导致地下水温度变化，而水温场的分布特征会影响这种变化的程度和范围。因此，在设计和运行地下水热泵系统时，需要考虑周边地下水的水温场情况，合理评估系统对周边

环境的影响，并采取相应的措施进行调控和保护。

（4）水化学场。通过对地下水水质分布规律的研究，可以针对城市地下水水源地分布区和地下水资源的保护区划，提出地下水热泵工程适宜区域。具体而言，根据不同层位地下水的水质状况，可以确定适宜的开采和回灌层位，从而避免地下水含水层被污染和破坏。水化学场的状况反映了地下水中溶解的各种化学物质的含量和组成，包括有机物、无机物、微量元素等。通过分析水化学场的数据，可以了解地下水中各种化学物质的来源、浓度分布情况以及可能存在的污染源，为地下水热泵系统的选址和设计提供重要参考依据。特别是在城市地区，由于工业和生活污水的排放，地下水的水化学场往往会受到不同程度的影响，因此需要进行详细的水质状况调查和分析，以确保地下水资源的安全和可持续利用。

（5）地质环境。地面沉降和地裂缝的发生可能对地下水热泵的运行和周边环境造成重大影响。进行地下水热泵利用对地质环境的影响评价至关重要。地面沉降指由于地下水开采导致地下水位下降，地下水蓄积层压力减小而引起地面沉降的现象。在地下水热泵系统中，不同开采层位和回灌层位的选择会影响地下水位的变化，从而对地面沉降产生影响。通过评价地下水热泵系统的开采和回灌方案，可以预测地面沉降的可能性，并采取相应的措施来减轻其影响。地裂缝的发生通常与地下水位下降、地下水抽采引起地层压缩和地面沉降等因素密切相关。在地下水热泵系统的设计和运行过程中，应该注意避免对地下水位和地下水动态的干扰，以减少地裂缝的发生风险。通过科学合理的系统规划和监测管理，可以最大程度地减少地质环境问题对地下水热泵系统的影响。

（6）成本。开发利用浅层地温能资源所涉及的能耗大小、初投资以及运行费用等经济因素，直接决定了地源热泵系统在供暖 / 制冷方案中的竞争力和可行性。考虑到地区差异、能源结构和价格变动等因素，地源热泵的经济性显得尤为关键。地源热泵系统的经济性需要与传统的燃煤锅炉、燃油锅炉和天然气锅炉进行比较。相比传统锅炉，地源热泵系统在能源利用效率和环境友好性上具有明显优势，能够显著降低能耗和环境排放，从而降低能源成本和环境污染。地源热泵系统的经济性还需要与单冷空调及其供暖空调综合经济性进行比较。在制冷和供暖方面，地源热泵系统相对于传统的单冷空调和独立供暖系统，具有更高的能效比和更低的运行成本，因此更具有经济性。评价地源热泵系统的经济性主要依据初投资、运行费用等相关经济参数。通过对这些参数的综合分析，可以确定地源热泵系统的经济合理性，并进一步划分其适宜开发区域。

5. 权值的确定

在确定地下水热泵运行的影响因素的权值时，采用统计学方法进行分析研究是关键。这一过程涉及对现有数据的整理和评估，确保科学地量化每个因素的重要性。

对影响地下水热泵运行的各要素进行详细划分，区分自然要素和非自然要素。自然要素主要包括描述地质和水文地质条件的要素，涵盖水动力场、水温场和水化学场，以及描述地质环境的相关要素。这些因素直接影响地下水热泵的能效和稳定性。非自然要素则主要涉及描述经济成本的要素，这对于评估项目的经济可行性至关重要。

通过深入分析自然要素对非自然要素的影响，可以理解不同自然要素在地下水热泵项目中的作用和重要性。例如，含水层结构对地下水热泵系统的影响通常是最显著的，因为它直接影响系统的热交换效率和可持续运行能力。其他影响地下水热泵系统的因素有水动力场、水温场、水化学场以及地质环境，这些要素共同决定了地下水热泵系统的最优设计和操作方式。为了科学地确定这些要素的权重，需要分析它们对非自然要素影响的大小。这一分析不仅反映了各自然要素的影响力，还为适宜性区划分提供了量化依据。例如，含水层结构由于对整个系统性能影响巨大，通常会被赋予最高的权值。水动力场、水温场、水化学场和地

质环境则根据它们的具体影响程度，依次赋予它们相应的权值。最终的权值确定是基于一系列科学计算和专业判断的结果，专业判断基于详尽的地质和水文地质数据分析。这种方法不仅确保了地下水热泵系统设计的科学性，还提高了运行中的能效和成本效益。通过这样的分析和权值设定，可以有效指导地下水热泵项目的规划和实施，确保其环境与经济双重目标的实现。

2.3.2　地埋管热泵经济性分区

1. 分区方法、步骤

地埋管热泵经济性分区方法和步骤与地下水热泵适宜性分区方法和步骤相同。

2. 评级体系的构建

要对地源热泵的适宜性进行区划，需要考虑多个因素，并建立层次结构模型来综合评价各项指标。这些指标包括地层岩性、地层厚度、地层热物理参数、地层岩土体的热传导速率、地热的影响范围、地下含水层分布、地下水位、地下水流动条件、地下含水层水质状况、回填材料、埋管形式、埋管深度、热泵系统投资、能耗及运行成本等 15 个要素指标。在综合评价计算中，采用地下水热泵适宜区划分的公式，以确保评估的科学性和准确性。通过这一模型，能够准确地评估各个指标在特定区域的表现，并从中确定出最为适宜的地源热泵应用区域。在确定适宜区域和适宜深度时，不仅要考虑经济和技术合理性，还要确保现有施工工艺的可行性，更重要的是防止不同层位含水层之间的沟通和污染，以保护地下水资源的安全性和可持续性。

3. 分区目标的选取

地埋管换热系统的勘查工作至关重要，其涉及对多个方面的详尽了解，以确保系统的高效运行。首先，需要对场地的岩土层进行全面调查，以了解其岩性、结构以及地下水的分布情况。这有助于确定地下环境对系统运行的影响，并为后续的工程设计提供基础数据。其次，对岩土层的导热性能进行研究至关重要。这包括导热系数、温度等参数的测定，以确定岩土层的换热效率和传热能力。同时，还需要了解岩土体的含水率、颗粒级配、密度和比热容等指标，这些参数直接影响到地埋管换热系统的性能。在确定了岩土层的性质后，可以进一步考虑确定恒温带的深度和温度。这对于地埋管系统的设计至关重要，可以帮助确定最佳的埋管深度和布置方式，以实现系统的最大换热效率。除了岩土层的特性外，还需要考虑热泵系统的投资成本、能耗和运行成本等经济因素。这些因素直接影响到系统的建设和运行成本，需要进行充分的评估和比较，以选择最经济、高效的系统方案。

（1）地质、水文地质条件。地埋管换热系统的设计需要充分了解调查区域的地质和水文地质条件。深入了解岩土层的结构，对于确定地下管道的布置和深度至关重要。同时，对地下水的静水位、水温和水质进行详尽调查，以及掌握地下水的分布情况，有助于预测地下水的运动规律和地下水的补给来源。地下水的径流方向和速度能够帮助设计者更好地规划地埋管的布置方式，以尽量减少对地下水系统的干扰，从而降低地下水污染的风险。

（2）地层属性。地下埋管系统的性能直接受到岩土热物性参数的影响。在选择钻孔地点时，对岩土的热物性参数进行准确评估至关重要，因为这些参数直接影响到地下埋管单位井深的换热量，从而影响到整个地埋管系统的换热性能。不同类型的岩石具有不同的导热性能，因此对地下岩土的岩性进行准确识别和评估，有助于确定最适合布置地埋管系统的地层。厚度越大的地层的换热容量越大，可以向地下埋管系统提供更多的热量，从而提高系统的效率和性能。地层的热物理参数，如导热系数、比热容等，也对地埋管的换热性能产生重要影响。这些参数直接影响到地下埋管单位长度的换热量，因此需要对地层的热物理参数进行

准确测量和评估，以确定最佳的地埋管设计方案。

（3）地温场。地温场是地埋管换热系统设计中至关重要的考虑因素之一。地下岩土体的热传导速率和地热影响范围直接影响到地埋管的成井工艺、成井间距、埋管形式、埋管深度以及适用范围。

（4）施工工艺。回填材料的导热性直接影响到地埋管的传热性能。填料中水分的含量对导热系数有着重要影响，水分越多，导热系数越高，埋管的传热性能越高。因此，一些国外地源热泵工程采用在钻井端部加设塑料滴水管的方法，通过间断向填料中加水的方式，来增强填料的传热性能。在地埋管的形式方面，主要有水平埋管和垂直埋管两种。相对于水平埋管，垂直埋管具有占地面积少、埋深大、换热效果稳定等优点。垂直埋管根据形式的不同，包括单 U 形管、双 U 形管、小直径螺旋盘管、大直径螺旋盘管、立式柱状管、蜘蛛状管、套管式管等多种形式。目前，使用最广泛的是 U 形管、套管和单管式管。对于水平埋管，其深度一般较浅，确定起来相对简单。而垂直埋管的埋设深度则需要考虑当地地质情况、工程场地大小、投资和使用的钻机性能等多种因素。根据埋设深度的不同，可以分为浅埋（埋深≤ 30 m）、中埋（埋深 31 ～ 80 m）和深埋（埋深≥ 80 m）三种类型。

（5）投资经济性。通过对热泵系统的初投资、能耗和运行成本等经济因素进行合理分析，以及与其他空调系统的经济成本对比，可以确定地埋管热泵的经济性，并划分地埋管热泵的经济区。初投资包括地埋管系统的设计、采购、施工等各项成本。地埋管系统的设计与施工费用受到地层硬度和结构的影响，因为这些因素直接影响到成孔费用。在评估热泵系统的经济性时，需要充分考虑地层的特性，以确定最合适的投资方案。能耗包括地埋管系统的能源消耗，而运行成本则包括系统的维护、修理等费用。与传统空调系统相比，地埋管热泵系统通常具有更低的能耗和运行成本，尤其是在长期运行中能够显著节约能源和维护费用，从而提高系统的经济性。通过与其他空调系统的经济成本进行对比分析，可以更好地评估地埋管热泵系统的经济性。与传统的空调系统相比，地埋管热泵系统通常具有更低的运行成本和更长的使用寿命，因此在长期运行中具有较高的经济效益。

4. 各要素权值的确定

各要素权值的确定对于地埋管热泵经济性分区的划分至关重要，在各要素中主要考虑地下埋管的投资成本。投资成本是评估地埋管热泵系统经济性的关键因素之一，因此在确定各要素的权值时，必须充分考虑投资成本的影响。

2.4 浅层地温能获取方式

浅层地温能资源的开发与利用在全球范围内日益受到关注，特别是在寻求绿色建筑实现方案和可持续能源解决方案的背景下。浅层地温能由于其具有四季温度恒定和温度适中的特点，提供了一种理想的能源供给方式，尤其适用于建筑物的供暖、制冷及日常生活热水供应。在这种背景下，地源热泵技术的应用成为一种主流方式，通过适当提高或降低浅层地温，实现能源的有效转换和利用。

地源热泵系统的基本工作原理是利用地下水或土壤的温度恒定特性来调节建筑内部的温度。系统中，地下水或土壤中的热量通过热泵装置被抽取出来用于冬季供暖，或者在夏季将建筑内部多余的热量转移至地下，从而达到冷却的效果。这一技术不仅高效，还环保，能大幅度减少对传统化石燃料的依赖，从而降低温室气体的排放。在实际应用中，尤其是在城市的住宅和商业建筑中，地源热泵系统已经被证明是极具成本效益的。这一系统能同时满足建筑物的供暖、制冷以及生活热水需要，极大地提高能源的使用效率。例如，通过地源热泵系统，夏季可以通过抽取地下水的方式，利用其较低的温度直接为建筑制冷，而冬季则可以

通过相同的系统供暖。

在温度要求不特别高的情况下，浅层地温能还可以被直接使用。例如在夏季，可以直接抽取较冷的地下水用作空调系统的冷冻水，有效地为建筑降温，减少能源消耗和成本。同样，这一策略也适用于冬季。仓库或设备间等建筑不需要很高的温度，但需要防冻，可以直接利用地下的暖水来维持室内温度，保证设施的正常运作。在一些传统的应用中，民间已经利用地温的特性进行了创新的尝试。许多地区的居民利用窑洞或坑道等地下空间冬暖夏凉的特点，来保存食物或避暑。这些方法虽然简单，但非常有效，展示了浅层地温能在日常生活中的实际应用价值。在冬季，一些山区通过在路面下安装地热管道系统，利用地下稳定的温度来防止路面结冰，确保交通安全。这种应用不仅提高了道路的使用效率，还减少了传统除冰方法中化学物质的使用，对环境友好。

综上所述，浅层地温能的开发利用通过地源热泵技术和其他直接使用方法为绿色建筑提供了一种可靠、经济、环保的能源解决方案。随着技术的不断进步和应用的普及，预期未来这种能源将在全球能源市场中占据更加重要的地位。

第3章　浅层地温能在绿色建筑中的关键技术

第3章专注于探讨浅层地温能在绿色建筑中应用的关键技术——地源热泵系统。本章将全面分析地源热泵的发展历程、节能原理以及其独特的技术特点。随着对绿色建筑需求的增加，地源热泵技术因其高效的能源利用和显著的环境保护成效成为绿色建筑领域的核心技术之一。本章将对地源热泵技术如何在实际中降低能耗、优化性能和如何应用于绿色建筑进行介绍。

3.1　地源热泵的发展

地源热泵（ground source heat pump, GSHP）技术是一种利用地下浅层地温能进行供暖、制冷及热水供应的环保技术。其基本原理是利用地表下几米至几十米处的地温相对稳定的特性，通过热泵系统在不同季节转移热量来达到供暖或制冷的目的。地源热泵技术不但能效高，而且能显著降低能耗和减少碳排放，因此成为绿色建筑领域中应用的重要技术之一。

地源热泵技术起源于20世纪初的欧洲，但直到20世纪70年代第一次石油危机后，人们才开始重视这种能有效节约能源的技术。尤其在美国，地源热泵技术在能源危机的刺激下得到迅速发展。美国最初采用的

是地下水源热泵系统，这种系统利用地下水的温度稳定性来调节室内环境温度。20 世纪 50 年代，地源热泵系统在美国市场上开始盛行，但由于初期采用的是直接式系统，存在腐蚀和维护难题，这种系统的可靠性受到质疑。20 世纪 70 年代末至 80 年代初，能源危机推动了地源热泵系统的改良和推广，尤其闭式地下水源热泵系统逐渐普及。1973 年的能源危机让土壤源热泵再次得到了发展的机会。1977 年起，美国的一些国家实验室和科研机构开始了对地源热泵新一轮的研究。美国政府及其能源部（DOE）支持下的研究机构，如橡树岭国家实验室（ORNL）和布鲁克海文国家实验室（BNL）等，进行了大量的研究和开发，致力提高地源热泵系统的效率和可靠性。到了 1998 年，美国能源部甚至在联邦政府机构建筑中推广使用土壤源热泵系统，并得到了时任总统的布什的积极响应和支持。1998 年，美国政府采取了一些政策，地埋管地源热泵的使用量迅速增大。1983 年至 2007 年，美国地源热泵系统安装数量曲线如图 3–1 所示。从图 3–1 中可以看到，美国地埋管使用数量的增长幅度一直都比较高，特别到了 2004 年之后，数量更是猛增。从 2009 年起，美国政府推出了一系列的补贴政策，这些政策的推出进一步刺激地源热泵系统的使用，到 2009 年年底时，地源热泵系统遍及美国 50 个州，总的使用数量和节能量都相当大。21 世纪初，随着建筑规模的扩大，美国地源热泵的使用量也显示出逐年增长的趋势。至 2007 年，美国地源热泵系统的安装量超过了 45 000 套。

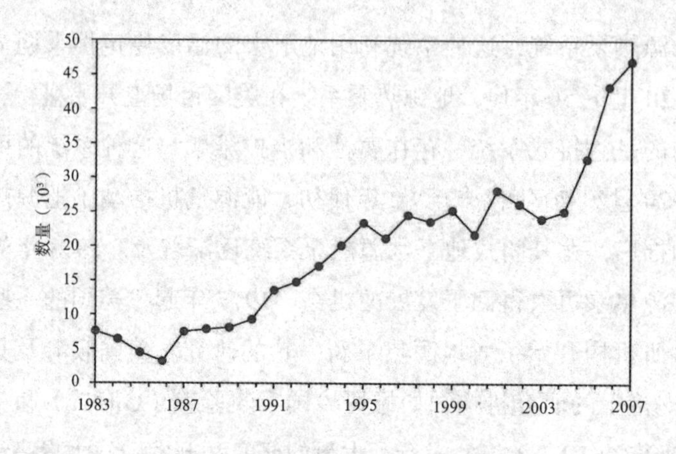

图 3-1　美国地源热泵系统安装数量曲线

与美国不同，欧洲在 20 世纪 50 年代初就开始研究地源热泵技术。虽然最初地源热泵技术由于能源价格较低而未得到广泛推广，但随着 1973 年第一次石油危机和之后的第二次石油危机的到来，欧洲开始逐步关注这一技术。尤其在 2002 年，欧洲议会和欧盟理事会通过《建筑能效指令 2002/91/EC》，加强了对建筑节能技术的研究和管理，地源热泵作为一项有效的节能措施，迎来了新的发展高潮。在欧洲大部分地区，地源热泵系统在普及的过程中，设计与实际安装中存在一定的差异，在地源热泵系统使用数量增加一段时间以后，出现了许多不成功的项目，再加上地源热泵系统的安装成本远高于传统的空调系统，地源热泵系统的使用数量出现了下降。2008 年对欧洲部分地区地源热泵系统使用数量的统计结果如图 3-2 所示。

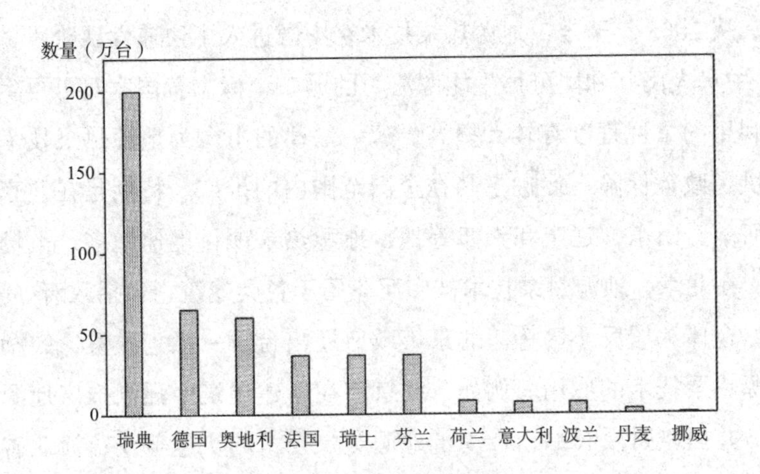

图 3–2　欧洲部分地区地埋管地源热泵使用数量统计图

可以看到瑞典使用量最大，其次是德国、奥地利使用量，而荷兰、意大利、波兰、丹麦、挪威的安装量较小。2008 年，欧洲的整体装机量大致为 3.5 万～ 19 万台。

地源热泵在中国的发展经历了起步阶段、推广阶段和快速发展阶段。从 20 世纪 80 年代至 21 世纪初，地源热泵在中国还处于摸索阶段。尽管中国从 1978 年起就开始在学术会议上讨论热泵技术，但直到 1997 年中美两国政府签署《能效与可再生能源合作议定书》后，地源热泵技术才真正开始在中国获得关注。这一时期，地源热泵系统主要由一些学者和工程师进行初步的研究和应用尝试。尽管应用规模较小，但为后来的发展奠定了技术基础。进入 21 世纪初，地源热泵技术在中国开始广泛应用。2001 年，《地源热泵工程技术指南》的出版，为地源热泵的技术推广奠定了基础，标志着地源热泵技术在我国正式推广和应用。该指南的发布为从业人员提供了技术规范和操作指南，大大推动了地源热泵技术的普及和应用。同时，国内外多家企业开始研发和生产地源热泵系统，推动了地源热泵在中国的商业化进程。地源热泵开始在全国范围内被应用于各类建筑中，包括住宅、办公楼和商业建筑等，应用规模逐渐扩大。从2005年至今，地源热泵技术在中国进入了快速发展阶段。2005年，《中华人民共和国可再生能源法》的颁布，标志着国家对可再生能源开发利用的重视程度有较大提高。这一法律的出台为地源热泵技术的发展提供了政策保障，促进了其在全国范围内的推广。特别是在北京、河北、河南、山东、辽宁和天津等地，地源热泵项目迅速增多，市场逐渐成熟。在北京，地源热泵技术被广泛应用于各类建筑，包括政府办公楼、商业综合体和居民小区等。北京市政府还出台了一系列政策，鼓励和支持地源热泵技术的应用。例如，北京市在新建建筑中强制推广地源热泵技术，并提供财政补贴，推动了地源热泵技术的快速普及；河北省通过示范项目的建设和推广，积累了丰富的地源热泵应用经验，并逐步推广到全省各地；河南省在地源热泵技术的推广中，注重技术创新和产业链建设，形成了较为完整的地源热泵产业体系。山东省和辽宁省的地源热泵市场也在快速增长。这些地区的地源热泵项目不仅涵盖各类新建建筑，还包括大量的旧建筑改造项目，通过地源热泵技术的应用，显著提高了建筑的能源利用效率，减少了碳排放。天津市在地源热泵技术的推广中，注重与其他可再生能源技术的结合，形成了综合能源利用解决方案，进一步提高了能源利用效率。

西部地区的浅层地温能开发利用相对于华北地区而言起步较晚，但近年来也取得了显著进展。作为中国西部重要城市，重庆市的浅层地温能开发同样起步较晚。然而，随着经济的迅猛发展，重庆市对可再生资源的开发利用越来越重视，浅层地温能也因此得到了相关部门的重视。尽管起步较晚，重庆市的浅层地温能开发却呈现出快速发展的趋势。根据相关项目统计，2008至2014年期间，重庆市主城区已经有多个地源热泵项目投入使用。地源热泵系统作为一种高效利用浅层地温能的技术，具有节能环保的优势，因而在重庆市得到了积极推广。这一时期地源热泵系统的年使用面积统计数据如表3-1所示。从表3-1中可以看出，随着时间的推移，重庆市主城区地源热泵系统的使用面积逐年增加，反映

出浅层地温能在重庆市的应用逐步扩展。重庆市作为直辖市，在经济迅速发展的同时，面临着资源和环境的双重压力。浅层地温能作为一种可再生资源，在重庆市的能源结构调整和可持续发展中扮演着重要角色。浅层地温能不仅能够有效降低建筑物的能耗，还能够减少二氧化碳排放，有助于缓解城市热岛效应。通过对 2008 至 2014 年重庆市主城区地源热泵项目的统计，可以看出重庆市在浅层地温能开发利用方面的快速发展。这一时期，地源热泵系统的年使用面积不断增加，显示出重庆市在推动可再生资源利用方面的积极态度和显著成效。

表3-1　重庆市主城区地埋管地源热泵应用面积

年　份	2008 年	2009 年	2010 年	2011 年	2012 年	2013 年	2014 年
面积（m^2）	145 243	151 797	162 290	173 890	173 890	269 815	308 581

在高寒地区，隧道冻害问题普遍存在，传统防冻措施通常是被动的，并且能耗高、效果差。为了缓解这一问题，研究人员提出了太阳能 - 地源热泵联合运行系统，并设计了两种方案：一种是水平埋管方案，另一种是垂直埋管方案。模拟结果显示，这些方案与传统地源热泵系统相比，节能效果明显提升，电能消耗减少 5% ～ 14%，系统性能系数（COP）显著提高，地温变化更有利于地源热泵的开发利用。其中，垂直埋管方案的提升效果优于水平埋管方案，但造价更高，需要结合实际工程情况综合考量能效与成本。通过模拟分析，太阳能 - 地源热泵系统在维持隧道内恒温方面表现良好，特别是在高寒地区。系统设计的蓄热方案可以有效解决传统地源热泵系统只取热不放热的问题，保证系统长时间稳定运行。基于上述研究，地源热泵技术在寒区隧道防冻中的应用前景广阔。通过与太阳能系统结合，地源热泵不仅能提供稳定的热能输出，还能显

著降低电能消耗，提高系统整体效能。①

随着地源热泵技术在我国的快速发展，市场逐渐成熟，产业链也日益完善，越来越多的企业参与地源热泵系统的研发、生产和应用，推动了地源热泵技术的进步和成本的降低。地源热泵技术不仅在大城市得到了广泛应用，还逐渐在中小城市和农村地区得到了应用，为更多的建筑提供了高效节能的供暖和制冷解决方案。

3.2 地源热泵的节能原理

地源热泵利用热力学卡诺循环原理，通过深埋于建筑物周围的管路系统来提取自然界中的能量。该系统以岩土体、地下水或地表水为低温热源，由水源热泵机组、地热能交换系统、建筑物内系统组成供热空调系统，如图 3-3 所示。根据地热能交换系统形式的不同，地源热泵系统分为地埋管地源热泵系统、地下水地源热泵系统和地表水地源热泵系统。

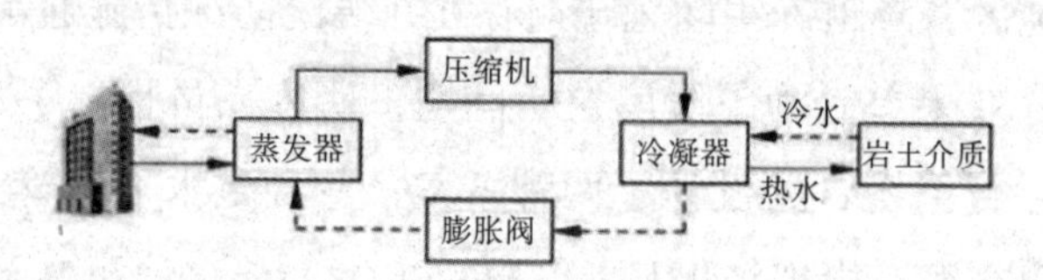

图 3-3　地源热泵系统示意图

根据热力学第二定律，热量由低温位向高温位的转移，必须消耗一定的热量作为补偿条件，才能使循环工作不断地从低温环境中吸热，并向高温环境放热，周而往复地进行循环，即向高温位放出的热量应等于从低温位吸收的热量加上压缩机所消耗的能量。

① 张甫仁，毛维薇，陈明全．基于 Trnsys 的寒区隧道地源热泵防冻系统研究 [J]. 公路，2017, 62 (8): 265–269.

地源热泵的经济性用制热系数 COP 表示：

$$\mathrm{COP}=\frac{Q_k}{P}=P+Q_0/P=1+\varepsilon \quad (3\text{–}1)$$

式中：Q_k——热泵循环向高温热源释放的热量（J）；

P——热泵循环的输入功率（W）；

Q_0——热泵循环从低温热源吸收的热量（J）；

ε——制冷循环的制冷系数。

式（3–1）中给出了同一台机器在相同工况下起热泵作用时的制热系数 COP 与起制冷作用时的制冷系数 ε 之间的关系。由式（3–1）可以看出，COP 恒大于 1。同时可以看出，同样消耗一单位能量时，热泵循环获得的能量 Q_k 比制冷循环所获得的能量 Q_0 多了 P，比单纯消耗电能的供暖系统所获得的能量多了 Q_0。所以，热泵的效力学经济性能比制冷系统以及消耗电能或燃料直接供暖的系统都要好，具有显著的节能效益。

下面就以家用空调为例说明地源热泵的工作过程。家用热泵空调循环的示意图如图 3–4 所示。地源热泵的工作过程可以通过在单冷空调系统中增加一个电磁四通换向阀来实现，该阀能够改变制冷系统中制冷剂的流动方向。这样，空调系统不仅可以在夏季提供冷气，还能在冬季提供暖气。

在夏季制冷时，空调系统的工作过程如下：当空调机组接通电源后，制冷压缩机开始运转。压缩机的作用是将从室内侧换热器（蒸发器）吸入的低温、低压的制冷剂蒸气压缩成为高温、高压的气体。高温高压的制冷剂气体随后进入室外侧换热器（冷凝器）中，在这里制冷剂释放热量并冷凝成液体。接着，液态的制冷剂经过节流装置，压力和温度显著降低，变成低温、低压的液体。低温低压的制冷剂液体进入室内侧换热器（蒸发器）后汽化，吸收室内空气的热量。通过这种方式，室内的热量被转移到室外，达到了制冷的效果。汽化后的制冷剂蒸气再通过吸气管进入制冷压缩机，完成一个完整的制冷循环。

在冬季制热时，系统的工作过程与夏季制冷过程类似，但方向相反。首先，四通换向阀开始工作，改变系统中的连接管路，使制冷剂的流动方向发生变化。当空调机组接通电源后，制冷压缩机将从室外侧换热器（蒸发器）吸入低温、低压的制冷剂蒸气，并将其压缩成高温、高压的气体。高温高压的制冷剂气体进入室内侧换热器（冷凝器），在这里冷凝成液体的同时向室内释放热量。这样，室内的空气被加热，达到了制热的效果。随后，液态的制冷剂再次经过节流装置，压力和温度降低，变成低温、低压的液体。低温低压的制冷剂液体进入室外侧换热器（蒸发器）后汽化，吸收室外空气中的热量。汽化后的制冷剂蒸气再通过吸气管进入压缩机，完成一个完整的制热循环。这一地源热泵工作过程利用了制冷剂在不同压力和温度条件下的相变特性，使其在夏季能够将室内的热量转移到室外，从而实现制冷；在冬季则能够将室外的热量转移到室内，从而实现制热。

热泵空调系统的核心在于四通换向阀和制冷压缩机的高效运作。四通换向阀的作用是通过改变制冷剂的流动路径，使同一个系统既可以在夏季进行制冷循环，又可以在冬季进行制热循环。而制冷压缩机的作用则是通过压缩制冷剂，提升其压力和温度，使其能够在不同的换热器中进行热量的交换和传递。通过这些关键部件的协同工作，热泵空调系统能够高效稳定地运行，满足不同季节的空调使用需求。室内侧换热器在夏季作为蒸发器，通过制冷剂的汽化吸收室内空气中的热量；在冬季作为冷凝器，通过制冷剂的冷凝向室内释放热量。室外侧换热器在夏季作为冷凝器，通过制冷剂的冷凝向室外空气释放热量；在冬季作为蒸发器，通过制冷剂的汽化吸收室外空气中的热量。两个换热器的位置和功能随季节变化而互换，实现了冷热双向传递的功能。

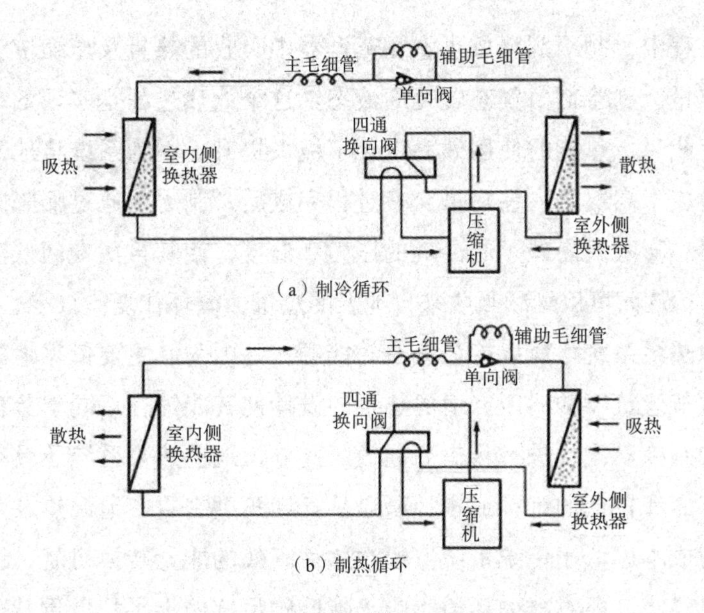

图 3-4　家用热泵空调循环的示意图

系统通过利用地下的稳定温度来供暖、制冷及提供热水，显著提高了能效与环境可持续性。地源热泵技术的核心在于其能够在不同的环境温度下，有效地转移热量，而非生产热量，这种转移过程依赖于系统内部的工作介质（如氟利昂 R22 等）在特定的组件中的相变过程。

在地源热泵系统中，工作介质在蒸发器内部蒸发，吸收来自地下岩土体、地下水或地表水的热能。在此过程中，介质从液态变为气态，通过吸收周围介质的热量来降低其温度，这一点是实现夏季制冷的关键。蒸发过程中所需的能量远低于直接加热或制冷所需的能量，因为它仅仅改变了介质的相态，而非温度。

从蒸发器中出来的气态制冷剂随后被送入压缩机，压缩机将其压缩至高温、高压状态，为接下来的热量释放做好准备。压缩过程虽消耗电能，但由于压缩机的设计和优化，这一能耗较小，其能带来的热量转移效果是非常好的。经过压缩的高温制冷剂接着流入冷凝器。在冷凝器中，热量从制冷剂传递给建筑物的供暖系统或热水系统中的水或其他介质。

在这个过程中，制冷剂释放了它在蒸发器中吸收的热量及压缩机工作中产生的热量，制冷剂由气态转变回液态。这个放热过程是实现冬季供暖的关键。此时，热能的使用效率得到了极大提升，因为系统将地下的低级热转换成了高级热。在热量交换过程完成后，制冷剂通过膨胀阀回流到蒸发器。膨胀阀降低了制冷剂的压力和温度，使其再次变回低温、低压的液态，从而可以继续吸收来自地温的热量，循环往复。

地源热泵系统之所以能显著节约能源，是因为其主要依靠地温的稳定性来调节建筑物的温度。地源热泵的设计使其能够在不同季节自动切换供暖和制冷模式，进一步提高能效。此外，地源热泵系统还具有较长的使用寿命和较低的维护成本，所以从长期角度来看，地源热泵系统的总体运营成本远低于传统系统。通过这种高效的能量转换机制，地源热泵不仅更经济，还对减少环境影响、降低碳足迹做出了积极贡献，是应对能源危机和环境退化的有效技术之一。

3.3 地源热泵的特点

地源热泵是一种利用地下土壤、地下水或地表水等地热资源进行能量交换的供暖、制冷系统。其特点如下。

3.3.1 高效节能

地源热泵利用地下稳定的温度进行能量交换，比传统供暖方式更高效，能够显著节约能源消耗。与传统的供暖方式相比，地源热泵通过吸收地热能减少了人们对化石燃料的依赖，实现了更低的碳排放。地源热泵系统在运行过程中噪声更小，维护成本也相对较低，这使其成为家庭和商业建筑供暖、制冷的理想选择。

3.3.2　环保

系统在运行过程中不会直接排放烟尘、废气等污染物。它有助于减少有害物质排放，尤其在城市地区，能够显著缓解空气污染问题，改善城市空气质量，同时减少因污染而引起的健康问题，如呼吸道疾病和心血管疾病。与传统的燃烧化石燃料的取暖和制冷系统相比，地源热泵系统主要利用地下土壤、地下水或地表水等地热资源的恒温特性，通过热交换的方式实现温度调节。这种方法大大降低了人们对煤炭、天然气和石油等传统能源的需求，从源头上减少了二氧化碳等温室气体的排放，有利于减缓全球变暖。

3.3.3　稳定性

地下土壤和地下水的温度变化相对缓慢且稳定，这种特性为地源热泵提供了一致的热交换环境，从而确保系统在不同季节都能有效运行。无论是炎热的夏季还是寒冷的冬季，地源热泵都能够依托地下稳定的温度资源，持久且较为稳定地进行供暖或制冷。在夏季，当地表温度急剧上升时，由于地下温度较低，地源热泵能够有效将室内热量转移到地下，使室内保持凉爽；在冬季，当地表温度降至 0℃以下时，地下温度通常仍保持在相对较高的水平，这为地源热泵从地下吸收热量并将其传递到室内提供了条件。正是因为地下环境的这种温度稳定性，地源热泵系统能够避免传统空调或采暖设备在极端温度条件下出现的效率下降问题。

3.3.4　长寿命

地源热泵系统的核心设备主要安装在室内，这使它很大程度上避免了受外界环境变化的影响。例如，传统的供暖和制冷系统暴露在外的部分，如空调外机、燃气锅炉等，常常因为风吹日晒、雨雪侵蚀等因素而腐蚀、老化，磨损速度加快，性能下降。然而，地源热泵系统设备被置于室内，避免了户外恶劣天气的侵袭，从根本上减少了外部环境对设备的损害。地源热泵系统所采用的材料和技术也更为耐用和先进。其核心组成部分通常包括压缩机、热交换器、循环泵等，这些设备有着严格的质量控制，经过了耐久性测试。即使长时间运行，也仍然能保持良好的性能。相比之下，传统供暖系统中的许多部件较容易受到工作环境的限制，容易发生故障，需要频繁维修和更换。

地源热泵系统的地下管路系统也是其使用寿命长的重要因素之一。这些管路通常铺设在地下深处，受地表环境影响较小，能够稳定地运行多年。地下的温度相对恒定，避免了因季节变化而引起的热胀冷缩和物理损害。地下管路基本上无须定期维护，全年仅需检查维护几次即可，显著降低了维护成本。

地源热泵系统的自动化控制系统也为延长设备使用寿命提供了保障。现代的智能化控制系统能够实时监测整个系统的运行状态，及时发现潜在问题，及时预警，确保设备在最佳状态下工作，避免因小故障引发的大问题，从而进一步延长了系统的使用寿命。

3.3.5 适用性广

无论是繁华的都市中心、安静的郊区，还是偏远的乡村地区，地源热泵系统都能稳定运行，从而满足多种类建筑的需求。

地源热泵系统可以为独栋别墅、公寓以及多层住宅提供高效的供热和制冷服务。由于其运行安静且能源利用率高，地源热泵系统在家庭中特别受欢迎。冬季，利用地下土壤温度相对较高的特点，地源热泵能够提供足够的暖气，使室内温暖如春；夏季，通过将室内的热量转移到地下，地源热泵系统能有效降低室内温度，为人们提供舒适的居住环境。

商业建筑中也广泛应用地源热泵系统，如办公楼、购物中心、酒店以及餐馆等场所。由于商业建筑通常需要大规模的供暖和制冷，地源热泵系统的性能尤为重要。其可靠性和稳定性能够确保商业活动的正常进

行，减少由设备故障导致的运营中断。同时，地源热泵系统还有利于降低能源消耗，节约运行成本。

工业厂房是地源热泵系统的另一重要应用场所。在工业厂房中，温度控制对生产有着至关重要的影响。地源热泵系统可以精确地调节温度，确保生产过程的顺利进行，从而提高生产效率和产品质量。而且，由于工业环境通常耗能巨大，采用地源热泵系统可以大幅度降低能源消耗，实现环保与经济效益双赢。

3.3.6　运行稳定

地源热泵系统依靠地下深层稳定的温度来运行。无论外界环境如何变化，地下温度基本保持恒定，这使得热泵系统能够在一年四季中提供一致的加热或制冷效果。相比其他依赖外界气温变化的制热制冷系统，地源热泵的运行显得更加平稳有效，并且不受季节和天气的明显影响。地源热泵系统能够更好地利用地下土壤中的热量，从而实现在室内环境中的调节。这不仅能保证系统在长时间运行中的效率，还能减少能量浪费，进一步提高运行的稳定性。在节能的同时，用户体验也得到改善，用户可以持久享受温度适宜的室内环境。

地源热泵系统的设计和安装，并不像传统的供暖和制冷系统那样复杂。一旦完成初步的安装工作，地源热泵系统基本上可以实现自动化运行。经过设定和调试，大部分操作和维护都可以通过智能系统进行，减少了人为干预所带来的故障和不稳定因素，系统的整体运行更加可靠。同时，系统的主要部分均埋设在地下，受外界影响小，零部件的磨损和损耗较少。定期的检查和保养足以确保系统长时间稳定运行。

3.3.7　可降低能源成本

地源热泵系统虽然初始投资较高，但其运行成本相对较低，能够显著降低能源消耗和相关费用，实现长期经济效益。这种系统通过利用地下土壤或水体的恒温特性，来进行制冷或供暖，从而避免了传统采暖和空调系统所需的大量电能和燃料消耗。传统的采暖和空调系统通常需要依赖化石燃料或电能，这不仅会带来高昂的运行费用，还对环境造成了一定的污染。而地源热泵系统则通过地下温度的有效利用，大幅度减少了对外部能源的依赖。在冬季，地源热泵从地下吸取热量传递到建筑物内进行供暖；在夏季，它则将室内的热量转移至地下，从而实现制冷。这种双向的热量转移方式使得地源热泵系统的能源利用效率大大提高。正因为地源热泵系统具备如此高的效率，它比传统的热泵系统至少节省30% 到 40% 的能源，甚至在某些情况下，节能效果能够达到 50%。这种节能性能直接转化为运行成本的降低，使得用户在长期使用过程中能够明显感受到经济上的优势。除了直接的能源消耗节省，地源热泵系统还减少了维护和更换设备的频率，进一步降低了长期使用成本。在采用地源热泵系统后，由于减少了对化石燃料的使用，用户还可能获得政府的一些激励政策，如税收减免或者财政补贴，这也是降低总体成本的一个重要方面。综合来看，尽管地源热泵系统的初始投资相对较高，但从长期角度考虑，通过节约能源消耗、降低运营成本以及潜在的政府激励政策，它提供的经济效益是显而易见的。这不只是对个人或企业财务的良好投资，更是对环保和社会可持续发展的明智选择。

总的来说，地源热泵作为一种清洁、高效的供暖、制冷方式，具有节能环保、稳定性高、适用性广等诸多优点，是未来建筑能源利用的重要发展方向之一。

3.4 地源热泵运行存在的问题

地源热泵系统虽然在能效和环境友好性上具有显著优势，但在实际运行过程中，可能面临一系列的技术和维护问题。这些问题如果不及时

解决，可能会影响系统的正常运行，降低其整体效能，甚至导致系统设备损坏。以下详细讨论地源热泵可能遇到的常见问题及其成因。

3.4.1　制冷系统的常见故障

1. 制冷量不足

在地源热泵系统中，制冷量不足是一个常见问题，表现为制冷效果差或无法达到预设的冷却温度。这种情况的发生可能有多种原因，主要包括制冷剂的泄漏、系统的堵塞以及系统的污染，这些问题直接影响了系统的热交换效率和正常运作。

制冷剂泄漏是影响地源热泵制冷量的一个重要因素。制冷剂在系统中起到吸热和放热的关键作用，一旦系统中制冷剂泄漏，将直接导致制冷剂的总量减少，影响整个系统的热交换能力。制冷剂量不足意味着在蒸发器中的蒸发过程不完全，无法吸收足够的热量，从而使输出的冷气温度不能达到预定值。此外，制冷剂泄漏还可能导致压缩机负荷加重，进一步降低系统的运行效率和增加能耗。

系统的堵塞问题通常出现在膨胀阀或滤网等关键部件上。膨胀阀的作用是调节进入蒸发器的制冷剂流量，保证制冷剂在蒸发器中正常蒸发。如果膨胀阀出现堵塞，将会限制制冷剂流入蒸发器的量，导致制冷效果不佳。同样，滤网的作用是过滤掉系统循环中的杂质，防止这些杂质进入关键部件，影响其正常工作。一旦滤网被堵塞，不仅影响制冷剂的流动，还可能由于过滤效果差而使压缩机和其他部件被损坏。

系统的污染也是造成制冷量不足的一个常见原因。在地源热泵系统的运行过程中，系统内部可能会积累油污、尘埃等污染物。这些污染物会黏附在管道和热交换器表面，影响制冷剂的流动以及热交换效率。尤其是热交换器，其表面的污垢可以作为隔热层，阻碍制冷剂吸热和放热，从而降低整个系统的制冷能力。经过长期运行，这种污染情况还会加速系统磨损，缩短设备的使用寿命。

针对这些问题，进行定期的系统检查和维护是非常必要的。例如，检查系统中的制冷剂泵，及时发现并修补可能存在的泄漏点；清洁膨胀阀和滤网，确保这些部件不被污染物堵塞；清洗热交换器，去除交换器表面的污垢，确保热交换效率。通过这些维护措施，可以有效地恢复地源热泵系统的制冷性能，延长设备的使用寿命，同时降低能耗，提高系统的经济性和环保性。

2. 压缩机故障

压缩机在地源热泵系统中发挥着至关重要的作用，任何故障都会严重影响系统的效率和稳定性。压缩机发生故障可能有多种原因，包括电气故障、机械故障以及制冷剂回气温度的异常，这些问题不仅影响压缩机本身的运行，还可能对整个地源热泵系统的寿命和性能造成长远的负面影响。

电气故障是导致压缩机运行不稳定或完全失效的一个常见原因。这类问题通常涉及电控系统的故障或电机自身的损坏。电控系统可能因为线路老化、短路或设计不当等，电流供应不稳定或中断，从而使压缩机无法正常启动或在运行过程中出现停顿。此外，电机内部的损坏，如绕组烧毁，也会直接导致压缩机无法工作。这类电气问题不仅需要及时检测，还需确保电气元件的质量和电路的正确安装，以防未来发生类似问题。机械故障则主要涉及压缩机内部机械部件的磨损或损坏。压缩机内部的轴承是使压缩机保持高速运转的关键组件，一旦轴承磨损或损坏，将导致内部摩擦增加，这不仅会降低压缩机的工作效率，还可能导致压缩机过热，甚至整机损坏。除了轴承，压缩机内部的其他活动部件如活塞、连杆等，也可能因长时间运作而出现磨损或故障，这同样会影响整个系统的效能和可靠性。

理想情况下，制冷剂在进入压缩机之前应保持适宜的温度，以保证压缩机能高效运行。如果回气温度过高，可能会导致压缩机内部温度升高，增加系统运行负荷，从而加速磨损并缩短压缩机的使用寿命；如果

回气温度过低，则可能导致制冷剂未能充分蒸发，从而影响热交换效率和制冷效果。因此，将制冷剂回气温度维持在一个理想的范围内是保证压缩机及整个系统运行效率的关键。

3.4.2　加热系统的故障

1. 加热量不足

地源热泵系统在制热时可能出现的一大故障是加热量不足，这会导致整个系统的加热效果不佳。系统供暖能力下降或无法达到预设的温度往往与几个关键因素有关，尤其与外界温度的影响和水路系统的问题有关。

外界的气温对地源热泵系统的性能有着直接的影响。地源热泵系统从地下环境中提取热能，而这个过程受到外界气温的影响尤为显著。在极低的气温条件下，地下的温度虽然比地表稳定，但是热泵系统提取热量的能力可能会因为地表和地下温差减小而受限。这种温差是热泵效率的关键影响因素之一；当外界气温降低，地下与地表的温差减小，系统的热泵循环效率降低，从而导致加热量减少。在寒冷的冬季，这种情况尤其常见，热泵需要运行更长时间，以达到相同的加热效果，这不仅增加了能耗，还可能导致系统过负荷运行。

水路系统的问题也是导致加热量不足的一个重要原因。地源热泵系统通过水路将地下的热量转移到建筑内部，任何水路系统出现的故障都可能影响热能的有效转移。例如，如果水泵出现故障，那么水流的循环会受到阻碍，会使从地下传递到建筑内的热量减少。此外，水路内部的堵塞，如由于长时间运行造成的杂质积累，也会减少水的流量，降低水的流速，降低热交换效率。不合理的水路设计，如管径选择不当或路线布置过于长、过于复杂，也会增加系统的流动阻力和热能损失。

针对这些问题，需要采取一系列措施来优化地源热泵系统的加热效能。对于外界温度过低引起的加热效果不佳的问题，可以通过增加地下管道的保温措施或调整系统参数来适应更冷的环境条件。对于水路系统问题，定期的维护和检查至关重要。这包括清洗水路系统以防止内部堵塞；检查和修复水泵，以确保其正常运行；根据实际情况重新设计或调整水路系统的布局和管径，以提高水流的流动性和热交换效率。

2. 电气安全问题

电气安全问题在地源热泵系统中是一个不能被忽视的重要问题，尤其接地不良或漏电问题，不仅威胁到设备的正常运行，还严重威胁使用者的安全。地源热泵系统的电气安全问题通常源于安装不当或维护不到位，解决这些问题需要对系统进行全面的检查和及时的维修。地源热泵系统的电气部分包括电源线、控制系统、电动机及其他电气附件。这些组件都必须正确安装且保持良好状态，以确保整个系统的安全和稳定运行。接地不良是常见的电气安全隐患之一，适当的接地是预防电气事故的重要措施，能有效地防止因绝缘破损或其他电气故障引起的电气火灾或电击事故。地源热泵系统的电气接地必须按照相关的电气安全标准执行，确保所有电气设备都能安全可靠地接地。

漏电是另一种常见的电气问题，它通常是由绝缘破损、电气连接不良或设备本身的故障引起的。在地源热泵系统中，由于设备经常在潮湿环境中运行，电气元件的绝缘性能可能会受到影响，从而增加了漏电的风险。一旦发生漏电，不仅会造成能源浪费，还可能引发火灾或电击事故，对人员安全构成威胁。解决接地不良和漏电问题的关键在于采用正确的安装标准和定期维护检查。首先，必须由具有相应资质的专业人员安装地源热泵系统，确保所有电气连接正确且符合电气安全规范。其次，定期检查系统的电气连接情况和绝缘状态，如检查电缆的外皮是否有损伤、电线是否有老化、接头是否牢固以及绝缘是否完好。任何发现的问题都应立即修复，避免漏电和其他电气安全问题的发生。漏电保护器能够在检测到漏电流时迅速切断电源，大大降低因漏电引发事故的风险。因此，对于所有地源热泵系统，特别是在潮湿环境中运行的系统，最好

安装漏电保护器。

3.4.3　水路系统的常见问题

1. 水路管道破裂

在地源热泵系统中，水路系统的完整性至关重要，因为它是实现能量转移的主要途径。水路管道在系统中常常承受较高的压力，这使得管道材料或连接部分的老化和损坏成为系统潜在的风险点。管道破裂不仅会引发漏水，还可能导致系统效率下降，甚至完全停止运行，从而对整个建筑的供暖或制冷效果产生严重影响。

地源热泵系统中的水路系统包括管道、接头、阀门等部件，这些部件通常是由金属或塑料制成。管道和连接部件需长时间承受高压的，如果材料选择不当或安装不符合规范，有可能损坏。例如，金属管道可能会因被腐蚀而破损，尤其在水质条件较差或系统中的化学处理不当时更为常见；而塑料管道虽然不易被腐蚀，但老化后可能变脆，容易在压力或温度变化时破裂。

水路管道的连接部分是另一个常见的故障源。连接部分如果密封性不好或者安装时扭矩过大或过小，都可能随时间的推移逐渐松动或损坏，最终导致泄漏。泄漏不仅会造成能源浪费，还可能损伤设备或建筑结构，引起其他问题。

为了避免这些问题，地源热泵系统的设计和安装必须严格按照行业标准执行，选用适合的材料并确保所有部件正确匹配。同时，系统的定期维护是预防管道破裂和泄漏的关键。维护工作应包括对所有管道和连接部件的彻底检查，检测潜在的腐蚀或损伤迹象，并检查阀门和接头的密封性能。任何发现的问题都应立即修复，以防止小问题演变为系统性故障。在维护检查中，使用压力测试可有效评估管道和连接部件的完整性。通过在系统中施加高于正常运行压力的水压，可以帮助发现潜在的弱点和漏点。此外，对水质进行定期检测和适当处理，也是保护管道不被腐蚀、不被积垢影响的重要措施。

2. 水路堵塞

水路堵塞是地源热泵系统中一个常见且棘手的问题，它直接影响系统的效能和可靠性。水路系统是地源热泵中的核心部分，负责将地下的热量有效地传输到建筑内部或从建筑内部移除多余的热量。当这一系统因为各种原因而发生堵塞时，热能传递效率会显著降低，导致整个系统的性能下降。

水路堵塞的原因多种多样，其中最常见的原因是水质问题和长期运行中沉积物的积累。水质问题主要指的是水中含有的矿物质、生物质和其他化学物质的含量过高，这些物质在系统运行过程中会逐渐在管道壁或热交换器表面沉积下来。例如，水中的钙离子、镁离子含量高会导致水垢的形成，水垢不仅会堵塞管道，还会降低热交换器的热交换效率。同样，如果水中含有过多的铁质和其他矿物质，这些物质也可能在管道内壁沉积，形成坚硬的结垢层，阻碍水的流动，进而影响系统的正常运行。

系统内部的生物生长也是导致堵塞的一个重要原因。在一些含有大量有机物的水体中，微生物（如细菌和藻类）可能在管道内壁或热交换器表面生长繁殖，这不仅会导致物理堵塞，还可能因为生物腐蚀而损坏这些设备。长期的微生物活动可能形成生物膜，这种黏性物质会减缓水流速度，降低系统的热效率。解决水路堵塞问题的策略需要综合考虑，并采取预防与处理措施。首先，系统设计时应选择合适的管道材料和热交换器设计，以减少结垢和生物生长的机会。例如，使用内壁光滑的管材可以降低物质沉积的可能性，而采用易于清洗的热交换器设计可以在必要时去除内部的沉积物。定期的水质检测和水质问题的处理也是预防堵塞的重要措施。通过添加适量的水处理剂，如阻垢剂和生物杀灭剂，可以有效控制水中矿物质的沉积和微生物的生长。同时，定期对系统进行冲洗和清洗，特别是对热交换器进行专业的清洗，可以有效去除已经形成的沉积物和生物膜，恢复系统的运行效率。

系统的维护不应被忽视。维护工作包括定期检查系统的运行状况，监测水流速度和压力变化。一旦发现异常，应立即进行检查。

通过综合运用这些措施，可以最大程度地减少水路堵塞对地源热泵系统性能的影响，确保系统能够长期、稳定、高效地运行。

3.4.4　热堆积问题

随着地源热泵系统的广泛推广和应用，在其长期运行过程中，逐渐显现出一些问题，其中之一便是热堆积问题。热堆积问题指在地源热泵系统长时间运行的情况下，地埋管周围的土壤温度不断升高，导致系统性能下降，并可能对地下环境产生不利影响。近年来，研究工作开始转向研究地埋管地源热泵系统长期运行对土壤的影响，特别是地温场和地下水变化方面的研究。[①]

1. 热堆积问题的成因

（1）冷热负荷不平衡。地源热泵系统通过地下埋管的热交换过程，夏季将建筑内部多余的热量移除并排放到地下土壤中，冬季则从地下土壤中提取热量，为建筑提供暖气。然而，冷热负荷的不平衡，即夏季的冷负荷大于冬季的热负荷，会导致地下土壤中的热量逐渐积累，从而引发土壤温度不断上升的问题。

在夏季，地源热泵系统的主要功能是制冷，将建筑内部的热量通过冷媒传递到地下土壤中。这一过程中，系统持续将大量热能注入地下，导致土壤温度升高。如果这种情况持续数年，土壤温度会逐渐累积，达到一个新的热平衡点。在冬季，系统从地下土壤中提取热量供暖，然而冬季所需的热量通常较少，无法完全抵消夏季注入的热量。因此，季节性的冷热负荷不平衡使得每年都有多余的热量积累在地下土壤中，造成

① 毛维薇 . 重庆市地源热泵热堆积问题及开发利用规划研究 [D]. 重庆 : 重庆交通大学，2017.

土壤温度的逐年上升。

土壤温度的上升不仅影响地源热泵系统的运行效率，还可能对地下环境产生负面影响。随着土壤温度升高，地源热泵系统的热交换效率会显著下降，制冷效果减弱，供暖效果也会受到影响。这是因为热交换的效率与温度差直接相关，当地下土壤温度升高，温差减小时，系统需要更多的能量来维持同样的制冷或供暖效果，会导致能耗增加，运行成本上升。此外，长期的土壤温度升高还可能影响地下水的温度，改变地下水的物理化学性质，进而影响地下水生态系统和水资源的可持续利用。

为了缓解冷热负荷不平衡导致的热堆积问题，研究者提出了多种解决方案。例如，Fan 等人提出了一种复合式地源热泵系统，在供冷季节白天向岩土体排热，夜晚利用较低的室外温度将冷量存储在土壤中，供暖季节则增加供热水系统。[①] 这种复合系统通过优化热量的存储和释放过程，有效缓解了冷热负荷不平衡的问题。此外，Yang 等人总结了太阳能辅助地源热泵系统，通过将太阳能作为辅助热源，减少对地下土壤的热负荷，减缓土壤温度上升的速度。[②]

（2）土壤导热性能。地源热泵系统的运行依赖于土壤对热量的传递和散失，而土壤的导热系数和热容量决定了其在这一过程中扮演的角色。不同类型的土壤由于其物理特性和化学特性差异，具有不同的导热性能。这些性能的差异直接影响到系统的热交换效率和长时间运行情况下产生的热堆积现象。导热性能较好的土壤，如湿润的黏土或砂质土壤，具有较高的导热系数，能够迅速传递和散失从地源热泵系统中注入的热量。这些土壤类型能够有效地扩散热量，防止在地埋管周围形成过高的温度梯度，进而减缓热堆积的产生。然而，导热性能较差的土壤，如干燥的

---

① FAN R, JIANG Y, YANG Y, et al. Theoretical study on the performance of an integrated ground-source heat pump system in a whole year [J]. Energy, 2008, 33(11): 1671-1679.

② YANG H, CUI P, FANG Z. Vertical-borehole ground-coupled heat pumps: a review of models and systems [J]. Applied Energy, 2010, 87(1): 16-27.

砂土或松散的表层土壤，导热系数较低，热量在这些土壤中传递和散失的速度较慢。当系统运行时，热量会在地埋管周围聚集，形成局部的热堆积区域。在长期运行中，导热性能较差的土壤无法迅速将热量传递到更远的区域，导致地埋管附近的土壤温度不断升高。这种热量的积累不仅降低了地源热泵系统的热交换效率，还可能导致系统运行不稳定，能耗增加。此外，持续的高温环境可能对地埋管材料和周围土壤的物理化学性质产生影响，进一步加剧热堆积问题。

解决土壤导热性能差异带来的热堆积问题需要综合考虑多个因素。可以优化地源热泵系统的设计，如增加地埋管的长度和间距，以扩大热量的传递和散失区域。此外，可以通过选择适当的回填材料来改善土壤的导热性能。相变材料和高导热填料被证明在提高土壤热导率方面具有显著效果，这些材料在热量传递方面更高效，能够减缓热堆积的形成。

在实际应用中，对项目所在地的土壤类型进行详细的勘测和分析是非常必要的。这有助于在系统设计阶段做出科学合理的决策，确保地源热泵系统在不同土壤条件下都能高效运行。结合土壤的实际导热性能，通过调整地埋管的布局和密度，可以显著提升系统的热交换效率，减少热堆积现象发生的可能性。土壤的热容量也是影响热堆积的重要因素。具有高热容量的土壤能够吸收和存储更多的热量，这在一定程度上可以缓解短期内的热堆积问题。然而，系统长期运行下，具有高热容量的土壤的累积效应仍需仔细评估。因此，在系统设计和运行过程中，需要考虑土壤导热性能与热容量的综合影响，制定科学的运行策略，以实现系统的长期稳定运行。

（3）系统设计不合理。地源热泵系统的设计合理性直接关系到其运行效率和长期稳定性，不合理的设计往往会加剧热堆积问题。地埋管的间距和总长度是系统设计中的两个关键因素。如果地埋管的间距过小，热量在管道间的传递和散失效率会显著降低。由于管道间距小，热量容易在管道周围累积，导致局部土壤温度迅速升高。这不仅减少了系统的热交换效率，还会增加热堆积现象发生的风险，使系统在运行过程中面临更大的挑战。

当地埋管长度不够时，系统在运行中无法充分利用地下土壤的热量存储能力。每单位面积土壤需要承受更大的热负荷，导致土壤温度快速上升，从而形成热堆积。合理设计地埋管的总长度可以确保热量在更大范围内均匀分布，减少热堆积现象发生的可能性。因此，在系统设计阶段，必须对地埋管的长度进行科学计算，确保其能够满足建筑物的冷热需求，同时避免热负荷过度集中。除了地埋管的设计，缺乏有效的热量管理策略也会加剧热堆积问题。地源热泵系统在运行中需要科学安排间歇时间，以便土壤有足够的时间恢复热平衡。如果系统长时间连续运行，热量不断积累，土壤温度将逐渐升高，热堆积问题会更加严重。合理安排系统的间歇时间，可以使地下土壤在每次热量输入后有足够的时间散热，避免形成长期高温环境。这种策略不仅有助于控制土壤温度，还能提高系统的整体效率和使用寿命。

不同类型的土壤具有不同的导热性能和热容量，设计中需要结合这些特性进行优化。在导热性能较差的土壤中，可以增加地埋管的间距和深度，或使用高导热回填材料，以增强热传递效果。同样，地下水位高的地区，水的流动有利于散热，因此在这些区域可以适当减少地埋管的密度。

热量管理策略还包括对系统运行参数的实时监控和调整。通过安装温度传感器和流量计等监测设备，及时获取系统运行数据，并根据数据调整系统的运行模式和间歇时间。智能化的控制系统可以根据环境温度、土壤温度和系统负荷情况，动态调整运行参数，确保系统始终在最佳状态下运行。这种智能化的管理方式不仅能有效防止热堆积，还能显著提高系统的能源利用效率。

如果施工过程中出现问题，如地埋管安装不规范、回填材料使用不当等，即使设计方案科学合理，也会影响系统的实际运行效果。因此，严格控制施工质量，确保设计方案的准确实施，是解决热堆积问题的重

要环节。定期维护和检查系统，及时发现并解决运行中的问题，也是保持系统长期稳定运行的关键。

2. 热堆积问题的影响

（1）系统性能下降。随着土壤温度的升高，地源热泵系统的性能会显著下降。这种下降表现为系统热交换效率的逐渐降低，进而影响系统的整体运行效果和经济性。地源热泵系统通过地下埋管与土壤进行热交换，实现建筑物的制冷和供暖。当土壤温度升高时，这一热交换过程受到严重影响。在夏季制冷时，地源热泵系统需要将建筑内部多余的热量通过制冷剂传递到地下土壤中。如果土壤温度较高，制冷剂与土壤之间的温差减小，热量传递的驱动力下降，导致系统排热效果不佳。热量无法迅速扩散到土壤中，制冷量随之不足，建筑内部温度难以有效降低。用户可能会感到室内温度上升，不得不调高空调设置温度或延长系统运行时间。这样一来，系统的能耗会显著增加，运行成本也随之上升。冬季供暖时，地源热泵系统需要从地下土壤中提取热量，通过制冷剂将热量传递到建筑内部。如果土壤温度持续升高，制冷剂从土壤中获取的热量减少，导致供暖效率下降。供暖效果不理想，建筑物内部温度无法达到令人舒适的温度，用户可能需要依赖辅助供暖设备，如电加热器或燃气锅炉，这不仅增加了能源消耗，还提升了运行成本。但是，长时间依赖辅助供暖设备，可能会导致地源热泵系统本身的使用寿命缩短，增加维护和更换的频率和成本。

土壤温度升高带来的另一个问题是系统的整体能效比（COP）下降。地源热泵系统的能效比是评价其能源利用效率的关键指标。土壤温度升高会使系统的制冷和供暖循环中的能量传递效率降低，从而直接影响能效比的数值。较低的能效比意味着系统需要消耗更多的电能来完成相同的制冷或供暖任务，导致能耗增加。长期来看，能源成本的上升将成为用户的一大负担。高温环境下，系统的压缩机、热交换器等关键部件的运行负荷增加，加速了设备的老化和磨损。这不仅降低了设备的使用寿命，还增加了设备发生故障的可能性。设备频繁发生故障，频繁维修设备，将进一步增加系统的运行成本和维护难度。

（2）设备磨损加剧。随着土壤温度的升高，地源热泵系统中的各部件面临的运行负荷显著增加，尤其压缩机和热交换器受到的影响最为明显。压缩机作为地源热泵系统的核心部件之一，其主要功能是通过压缩冷媒来实现热量的传递和转换。在高温环境中，压缩机需要克服更大的温差来完成热量的转移，这意味着其运行负荷增加，内部零件的磨损也随之加剧。持续的高负荷运行不仅降低了压缩机的效率，还可能导致设备的故障率显著提高。

在高温土壤环境中，压缩机内部的运动部件，如活塞、轴承和密封件等，因受到更大的机械应力和热应力而磨损加剧。这种磨损会导致压缩机的机械效率下降，甚至出现零件失效的情况。设备频繁发生故障不仅会影响系统的正常运行，还会增加维护和修理的成本。更严重的是，一旦压缩机发生重大故障，可能需要整体更换，这将带来高昂的设备更换费用和较长的系统停机时间，严重影响用户的体验和系统的经济性。

热交换器的主要功能是通过冷媒与土壤之间的热量交换来达到制冷或供暖的效果。在高温环境中，热交换器的效率会大幅下降，因为冷媒与土壤之间的温差减小，热传递过程变得不再高效。热交换效率的下降意味着系统需要更长的运行时间来达到预期的制冷或供暖效果，这进一步增加了系统的能耗和运行成本。热交换器长期在高温环境中运行，其材料会有老化和被腐蚀的问题。高温会加速金属材料的氧化和腐蚀，降低热交换器的耐用性和热传导性能。随着热交换器性能的下降，系统的整体热效率也会受到影响，导致需要更频繁的维护和更换。这不仅增加了维护成本，还可能导致系统运行不稳定，影响用户的日常使用。

（3）地下环境影响。随着地源热泵系统的持续运行，地下土壤温度逐渐升高，这种温度变化对地下水和土壤生态系统的影响是多方面的，并且影响深远。土壤温度的升高直接影响地下水的温度。地下水温度升

高会加快水中化学反应的速率，导致溶解氧含量降低，可能使一些有害物质的溶解度增加，从而对地下水质造成污染。高温环境下，微生物活动增强，可能导致水中微生物含量增多，引起生物污染问题。特别是在饮用水水源区域，这种污染会对人类健康构成威胁，同时会增加水处理的难度和成本。土壤温度升高也会影响地下水位。热堆积导致的土壤温度变化会影响地下水的蒸发速率和地下水的补给。在一些地区，温度升高可能加速地下水的蒸发，使地下水位下降，进一步影响地表植被和生态系统的水分供应。这种水位变化不仅影响地表生态环境，还可能引发地质灾害，如地面沉降和地裂缝等。

土壤中的微生物在生态系统中起着至关重要的作用，它们参与有机质的分解、养分循环和土壤结构的形成。温度的变化会改变微生物的生长和代谢速率，进而影响土壤生态系统的平衡。高温环境下，一些耐高温的微生物种群的繁殖速度可能加快，而不耐高温的种群数量则可能减少，这种种群结构的变化会影响土壤有机质的分解速度和养分的有效性。土壤肥力可能会受到影响，进而影响植物的生长和农业生产。土壤温度升高还会影响土壤中的有机碳含量。温度升高会加速有机质的分解，导致土壤有机碳的损失。这不仅削弱了土壤的碳储存能力，还可能释放大量的二氧化碳，进一步加剧温室效应。长期来看，这种碳循环的改变对全球气候变化具有重要影响。

3. 热堆积问题的解决方案

（1）复合式地源热泵系统。针对冷热负荷不平衡问题，研究者们提出了多种复合式地源热泵系统，这些系统通过综合利用不同的热源和储热技术，优化系统的运行效率和环境影响。例如，Fan 等人提出的一种复合式地源热泵系统在解决这一问题上展现了显著的优势。[①] 该系统在

① FAN R, JIANG Y, YANG Y, et al. Theoretical study on the performance of an integrated ground-source heat pump system in a whole year [J]. Energy, 2008, 33(11): 1671-1679.

供冷季节利用白天向岩土体排热，并在夜间将冷量存储在土壤中，而在供暖季节则增加供热水系统，从而有效缓解了全年冷热负荷不均匀的问题。这种复合式系统的设计理念是在不同季节和时段，充分利用自然环境的温度变化来优化系统的热量管理。在夏季，地源热泵系统通常面临巨大的冷负荷，因为需要将室内大量的热量转移到地下。然而，单纯依赖地下土壤的导热性能往往难以快速散热，导致土壤温度逐渐升高，影响系统效率。Fan 等人的复合式系统通过白天向岩土体排热，将多余的热量有效传递到地表以下更深的岩石层，这些岩石层具有更好的导热性能，可以迅速将热量扩散出去，从而避免了热量在土壤中的积累。

该系统在夜间利用较低的室外温度，将冷量存储在土壤中。夜晚温度较低时，土壤能够更高效地吸收和储存冷量，为白天的制冷需求提供支持。这种昼夜间的热量交换和储存策略，不仅提高了系统的整体效率，还大大缓解了土壤热堆积的问题。在冬季，复合式系统通过增加供热水系统来提升供暖效率。传统地源热泵系统在冬季主要依靠从地下土壤中提取热量来供暖，但当土壤温度较低时，提取热量的效率降低，供暖效果不理想。通过引入供热水系统，复合式地源热泵可以利用其他热源（如太阳能集热器或热泵）加热水，再通过水循环系统将热量传递到建筑内部。这样不仅能提高供暖效率，还能有效利用多种能源，降低对单一热源的依赖。

通过仿真模拟，Fan 等人验证了这一复合式地源热泵系统的有效性。模拟结果显示，该系统能够显著改善冷热负荷不平衡导致的土壤温度升高问题。具体而言，白天向岩土体排热和夜间土壤冷量储存相结合，使夏季的热量管理更加高效；冬季供热水系统的引入，则提升了供暖季节的热量供应效率。这种综合性的设计，不仅提高了地源热泵系统的运行性能，还延长了设备的使用寿命，降低了系统的运行成本。

这种复合式系统的灵活性为系统在不同地区的应用提供了可能。根据当地的气候条件和能源资源状况，可以调整系统的具体配置和运行策略，使性能表现达到最佳。例如，在夏季较长且炎热的地区，可以加强

岩土体排热和夜间冷量储存；而在冬季寒冷的地区，则可以增加供热水系统的比例，以满足更高的供暖需求。

（2）太阳能辅助系统。Yang 等人在研究中总结了太阳能辅助地源热泵系统的优缺点，并探讨了其在改善地源热泵系统性能方面的潜力。① 太阳能辅助系统通过在供冷季节和供暖季节利用太阳能热源，有效减少地下土壤的热负荷积累，进而缓解热堆积问题，提高系统的整体能效。在供冷季节，地源热泵系统需要将建筑内部多余的热量排放到地下土壤中。然而，当土壤温度不断升高时，热量难以迅速散失，会导致热堆积现象的发生，影响系统的制冷效果。太阳能辅助系统通过利用太阳能热源，可以在白天满足建筑物部分冷却需求，减少建筑物制冷对地下土壤的依赖。具体来说，太阳能集热器可以将太阳能转化为电能或热能，用于驱动制冷设备或直接进行空气预冷处理。这种方式不仅降低了地源热泵系统的负荷，还避免了大量热量排放到地下，减缓了土壤温度的升高。

传统地源热泵系统在冬季主要依赖从地下土壤中提取热量来供暖，但当土壤温度较低时，提取热量的效率下降，供暖效果不佳。太阳能辅助系统可以在白天收集太阳能，通过太阳能集热器加热水或空气，并将这些热量储存在热水罐或热能储存装置中。夜间或阴天时，这些储存的热量可以被利用，以补充地源热泵系统的热量需求。这样一来，太阳能辅助系统不仅提高了冬季的供暖效率，还减少了对地下土壤热源的过度依赖，保护了地下环境。

（3）冷却塔辅助系统。Man 等人提出的冷却塔辅助地源热泵系统，通过在夏季利用冷却塔吸收并散发多余的热量，有效减少了对地下土壤的热负荷，进而缓解了热堆积问题。② 这一系统的设计理念在于充分利用

---

① YANG H, CUI P, FANG Z. Vertical-borehole ground-coupled heat pumps: a review of models and systems [J]. Applied Energy, 2010, 87(1): 16–27.

② MAN Y, YANG H X, WANG J G. Study on hybrid ground-coupled heat pump system for air-conditioning in hot-weather areas like Hong Kong [J]. Applied Energy, 2010, 87(9): 2826–2833.

冷却塔的高效散热能力，优化地源热泵系统的运行效率和环境影响。在夏季，地源热泵系统需要将建筑内部的大量热量转移到地下土壤中，以维持室内的舒适温度。然而，随着热量不断注入，土壤温度逐渐升高，导致热量难以有效散失，进而影响系统的制冷效率。冷却塔的引入为这一问题提供了一个有效的解决途径。白天，冷却塔可以通过蒸发冷却的方式，吸收地源热泵系统排出的热量，将其转移到大气中，从而减少热量在地下土壤中的积累。夜间，冷却塔在较低的环境温度下继续散热，进一步降低土壤温度，为第二天的热量排放提供更好的条件。

冷却塔辅助地源热泵系统不仅能够减轻土壤的热负荷，还可以显著提高系统的整体能效。通过在夏季高温时段利用冷却塔散热，可以有效降低地源热泵系统的运行压力，减少压缩机和其他关键部件的负荷和磨损，延长设备的使用寿命。此外，这种热量管理策略能够保持地下土壤温度的相对稳定，避免因土壤温度过高而导致的热交换效率下降问题，确保系统在整个制冷季节都能高效运行。

（4）模型仿真与优化。Baek 等人通过建立地源热泵系统的三维瞬态模型，深入探讨了系统运行对地温的影响，并提出了优化设计和运行策略。[①] 三维瞬态模型能够模拟地源热泵系统在不同时间和空间条件下的热传递过程，模型的准确性和可靠性可通过热响应实验验证。研究发现，通过合理设计系统的运行间歇时间和地温恢复时间，可以显著减少系统对地温的长期影响，进而提升地源热泵的整体效能。地源热泵系统的连续运行会导致地温不断升高，尤其在夏季大量热量排入地下土壤时，热量累积效应更加明显。通过设定适当的运行间歇时间，系统可以在每次运行后停止一段时间，允许地下土壤有足够的时间恢复到初始温度。这种间歇运行策略不仅有助于维持地温的稳定，还能提高系统的热交换效

① BAEK S H, YEO M S, KIM K W. Effects of the geothermal load on the ground temperature recovery in a ground heat exchanger [J]. Energy & Buildings, 2016, 136: 63-72.

率，延长设备的使用寿命。此外，设计合理的地温恢复时间能够确保土壤在不同季节的温度差异不至于过大，从而避免因土壤温度过高或过低导致系统性能下降。Law 等人进一步研究了不同建筑类型和模型规模对地源热泵系统运行效能的影响。[①] 他们通过建立各种建筑类型的热负荷模型，模拟不同规模和间距的地埋管布局，对比分析其热传递效率和系统性能。研究表明，优化埋管的间距和规模设置，可以显著提高系统的运行效能。具体来说，适当增加地埋管的间距，可以降低单位面积土壤承受的热负荷，减少热量在土壤中的积累，避免土壤温度过快升高。合理增加地埋管的长度和数量，可以使热量分布更均匀，提高热交换效率。这些研究成果为地源热泵系统的设计和优化提供了重要的理论依据和实践指导。通过三维瞬态模型的仿真模拟和验证，研究者能够更精准地预测系统运行中的温度变化和热传递过程，从而制定更加科学合理的运行策略和设计方案。优化地源热泵系统的埋管间距和规模设置，不仅能提高系统的能效，还能有效延长设备的使用寿命，降低维护和运行成本。

（5）回填材料优化。Qi 等人的研究通过建立有限元模型，深入探讨了回填材料对地埋管换热性能的影响。[②] 研究表明，选择适当的回填材料对于提高地源热泵系统的热交换效率和控制土壤温度具有重要意义。传统地源热泵系统通常将土壤作为回填材料，但由于土壤的导热性能有限，热量在土壤中难以快速散失，导致土壤温度逐渐升高，影响系统的长期运行效率。在研究过程中，Qi 等人发现，与传统土壤相比，相变材料作为回填材料，具有显著的优势。相变材料在特定温度范围内能够吸收或释放大

① LAW Y L E, DWORKIN S B. Characterization of the effects of borehole configuration and interference with long term ground temperature modelling of ground source heat pumps [J]. Applied Energy, 2016, 179: 1032–1047.

② QI D, PU L, SUN F, et al. Numerical investigation on thermal performance of ground heat exchangers using phase change materials as grout for ground source heat pump system[J]. Applied Thermal Engineering, 2016, 106: 1023–1032.

量的潜热，这种特性使其在热量传递过程中表现出更高的热容量和导热系数。当地源热泵系统运行时，相变材料能够在温度达到相变点时吸收热量，减少热量在土壤中的积累，从而有效控制土壤温度。这不仅提高了地埋管的换热效率，还减缓了土壤温度的上升速度，避免出现热堆积问题。

研究还表明，调整土壤初始温度和 U 型管管间距可以进一步改善系统的热交换性能。适当降低土壤的初始温度，可以增加温度梯度，从而增强热量传递的驱动力，提高换热效率。在设计和安装地源热泵系统时，预先对土壤进行降温处理，例如在安装前进行地下水冷却，能够为系统提供更好的初始热环境，增强系统的整体性能。U 型管的管间距对热交换效率的影响也不容忽视。过小的管间距会导致热量在管道之间相互干扰，降低换热效率，而过大的管间距则会使单位面积的换热量不足。因此，通过有限元模型模拟不同的管间距设置，研究人员能够找到最佳的管间距，确保热量在土壤中均匀分布和有效散失。合理的管间距设计能够提高地源热泵系统的热交换效率，减少土壤温度上升的幅度，延长系统的使用寿命。这些研究成果为地源热泵系统的设计和优化提供了重要的指导。在实际应用中，工程师可以根据具体项目的地质条件和热负荷需求，选择适当的回填材料和优化设计参数。例如，在热负荷较大的区域，可以优先考虑使用相变材料作为回填材料，以充分利用其高效吸收和释放热量的特性；在地质条件复杂的地区，可以通过模拟分析，优化 U 型管的管间距和安装深度，确保系统保持最佳运行状态。

（6）冷却塔辅助运行策略。Zhou 的研究通过详细的模拟分析，探讨了冷却塔辅助地源热泵系统在控制土壤温度升高方面的有效性。[①] 研究表明，当空气湿球温度与土壤温度之间的差值为 8 ～ 12 ℃这一最佳范围时，启动冷却塔辅助地源热泵系统，可以显著缓解土壤温度的累积效应。

① ZHOU S Y, CUI W Z, LI Z S, et al. Feasibility study on two schemes for alleviating the underground heat accumulation of the ground source heat pump [J]. Sustainable Cities & Society, 2016, 24: 1-9.

这一策略的核心在于利用冷却塔的蒸发冷却效果，将多余的热量散发到大气中，从而减轻地埋管周围土壤的热负荷。在夏季高温时期，地源热泵系统需要持续排出建筑内部的热量，导致土壤温度不断升高，影响系统的热交换效率。通过在空气湿球温度与土壤温度差值达到 8 ～ 12 ℃时启动冷却塔，冷却塔能够高效地将热量散发出去，使土壤温度维持在较低水平。TRNSYS 软件的模拟结果显示，冷却塔辅助地源热泵系统在这种运行条件下，能够显著提高地源热泵系统的整体性能，确保系统在高效状态下运行。

尽管冷却塔辅助地源热泵系统在环境友好性方面表现出色，其运行策略通过减少土壤热负荷，降低了对环境的热污染，保护了地下生态系统的平衡。然而，这种系统在经济性上仍需进一步提升。冷却塔的运行需要消耗一定的水资源和电力，特别是在水资源紧缺或能源成本较高的地区，这一问题尤为突出。为了提高经济性，可以通过优化冷却塔的设计，提高其水资源利用效率和能效比，降低运行成本。冷却塔辅助系统的初期投资较高，包括设备采购、安装和调试费用。因此，需要进行详细的成本效益分析，评估冷却塔辅助系统在全生命周期内的经济性，确保其长期运行具备可行性。一种可能的解决方案是结合其他可再生能源技术，如太阳能或风能，分担部分能源负荷，进一步降低冷却塔的运行成本。

要实现经济性与性能的双重提升，引入智能化控制系统是一个有效的策略。通过智能控制，可以实时监测空气湿球温度和土壤温度的变化，动态调整冷却塔的启动和运行模式，确保系统在最优状态下工作。这样的控制系统不仅能提高冷却塔的运行效率，还能减少不必要的能源消耗，增强整体经济性。

第 4 章　绿色建筑的地源热泵系统实施策略

第 4 章聚焦于地源热泵系统在绿色建筑中的实施策略，探讨如何通过设计、安装和维护实现节能与环保目标。随着全球对可持续建筑的关注日益增加，地源热泵技术因其高能效和低环境影响而成为绿色建筑中的首选技术。本章将详细介绍地源热泵系统的优化配置、运行策略以及与建筑设计的整合方法，旨在为建筑师、工程师和开发商提供指导，使其能够有效地实施这一技术，最大限度地提升建筑的能效和舒适度。

4.1　绿色建筑中地源热泵系统设计

地源热泵系统的设计作为绿色建筑设计的核心组成部分，承担着提高能效和实现环保目标的双重任务。设计不仅仅局限于数据计算和图纸绘制，还涵盖从问题识别到解决方案实施的全过程，强调理论与实践的紧密结合。在绿色建筑中，地源热泵系统设计可以分为两个主要方面：空调系统的设计和地埋管换热器的设计。空调系统的设计关注如何将现有的高能效设备进行有效利用，以确保系统整体的性能最优。设计师需要考虑到设备配置、能耗管理和环境适应性，确保系统在满足建筑舒适度需求的同时，达到节能减排的环保目标。地埋管换热器的设计是地源热泵系统设计的另一主要组成部分，涉及地下管道布局、深度选择以及

材料的选择，这些因素直接影响到换热效率和系统的长期稳定性。地埋管设计必须考虑到地质、气候和土壤条件，以及未来可能的维护和扩展需求。

4.1.1　空调系统的设计

1. 风管式空调系统设计

风管式空调系统将空气作为输送介质，通过空气处理单元，对从室内引回的回风进行冷却或加热处理，然后将处理后的空气重新送入室内，以满足空调系统的冷热负荷需求。这种系统中的风管机直接与直接蒸发式换热器相接触，制冷剂直接对空气进行处理，如图 4-1 所示。通过这种方式，系统能够有效地调节室内空气的温度，确保室内环境的舒适度。

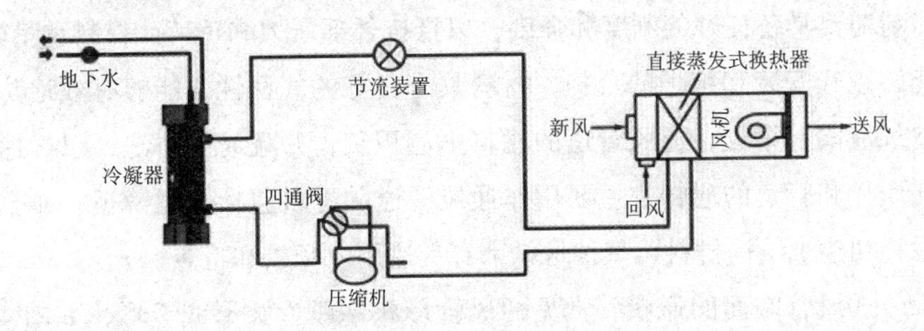

图 4-1　风管式空调系统示意图

相比于其他类型的空调系统，风管式空调系统的初始投资较小，这使得它成为一种经济实惠的选择。同时，如果引入新风，可以显著改善室内空气质量，这对于居住者的健康和舒适至关重要。然而，风管式空调系统在建筑物内部所占用的空间较大，通常需要较高的层高，这对于一些住宅项目来说可能是一个挑战。风管式空调系统采用统一送风方式，这意味着在没有变风量末端的情况下，难以满足不同房间的空调负荷需求。引入电动风阀和风口可以使负荷分配更加合理，实现节能效果，但这也会增加初期投资。而引入变风量末端将使整个空调系统的初始投资大幅增加。

（1）风管设计的基本知识。

①风管的布置原则。风管的布置直接关系到空调系统的整体布置，需要与土建、电气、给排水等相互配合、协调一致。在布置风管时，应考虑到空间利用效率、气流分布的均匀性以及系统的运行效率。合理的风管布置应尽量减少空间占用，并确保气流能够顺畅地流动到各个房间，避免出现死角和气流不畅的情况。风管的布置还需考虑维修保养的便捷性，以确保系统的长期稳定运行。

②风管常用材料。通风管道对材料的要求十分严格。第一，通风管道的内部必须光滑，以减少气流阻力，提高输送效率。第二，材料需具有低摩擦阻力，以确保空气能够顺畅地流动。第三，材料需具备不吸湿、不可燃、耐腐蚀的特性，以保证管道长期稳定运行。第四，通风管道的材料需要具备良好的刚度和强度，以抵抗外部压力和负荷。材料重量轻，能够减轻安装和维护的负担，材料具有良好的气密性，能够有效地防止空气泄漏。第五，通风管道的材料不应积灰，并且易于清洗，以确保空气质量和管道的通畅。主要用作通风管道的材料包括金属薄板、非金属材料和建筑结构材料，每种材料都有其适用的场景和特点。

③风管断面的形状。常见的风管形状一般为圆形或矩形，如图 4-2 所示。圆形风管的强度大，耗材较少，这使得它在一定程度上能够降低建造成本。但是，其加工工艺较为复杂，需要专业设备和技术支持，并且占用的空间相对较大，与风口的连接也相对困难。圆形风管更适合用于排风系统以及室外风干管等，其中强度和耐用性是更为重要的考量因素。矩形风管的加工相对简单，易于与建筑物结构结合，这使其能灵活应用于各种建筑环境。由于矩形风管占用建筑高度较小，并且与风口及支管的连接较为方便，在空调系统中，送风管和回风管常采用矩形风管。矩形风管的优点在于其便于安装和维护，以及与其他设备的连接更加简便，这为系统的调整和维护提供了便利。

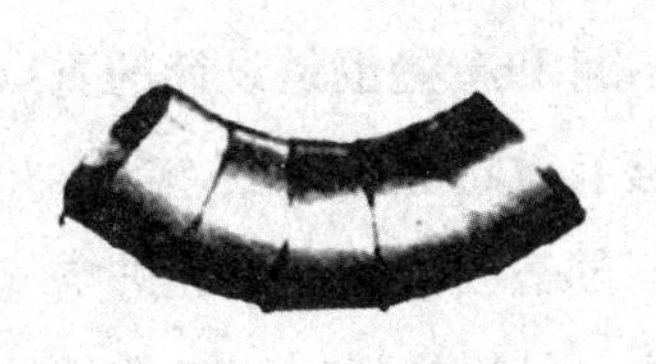

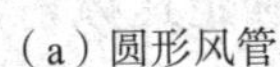

（a）圆形风管

（b）矩形风管

图 4-2　风管外观图

④风口的形式。风口作为空调系统的末端设备，在确保系统正常运行和提供舒适室内环境方面扮演着关键角色。根据空调系统的精度要求、气流组织形式、风口安装位置以及建筑室内装修效果等多方面要求，可选择不同的送风口和回风口。对于送风口，常见的类型包括圆形送风口、方形送风口和线性送风口。圆形送风口适用于需要均匀分布气流的场合；方形送风口更适合局部送风，并且可以更好地与建筑结构结合；线性送风口则适用于长条形空间，可以实现对整个空间的均匀送风。对于回风口，常见的类型包括圆形回风口和方形回风口。圆形回风口通常用于需要均匀回收室内空气的空间，而方形回风口则更适合需要局部回收空气的空间，并且可以更好地与建筑结构结合。这些送风口和回风口虽然在构造上有所不同，但它们的基本功能都是确保空调系统的正常运行和提供舒适的室内环境。通过合理选择合适的送风口和回风口类型，可以实现空气的均匀分布、良好循环，从而提高空调系统的效率和性能。

（2）气流组织的设计计算。在设计空调房间的气流组织时，关注的核心是如何达到最佳的空调效果，确保工作区的温湿度基数、精度、区域温差、气流速度、空气洁净度和人的舒适感受。这不仅关乎空调系统的能耗，还直接影响到工作环境的质量。设计过程需要考虑工作区的特殊要求，包括温度、湿度和空气质量等因素。根据这些要求，选择合适的气流流型至关重要。例如，对于需要保持恒温恒湿的场所，如实验室或医疗中心，通常选择均匀分布的混合气流，以确保空气的均匀性和稳定性。送风口及回风口的形式、尺寸、数量和布置也是设计的重点。送风口的位置应合理布置，以确保空气能够有效覆盖整个工作区，并避免产生死角或冷热区。回风口应布置在房间的适当位置，以促进空气的循环和再循环，确保空气的新鲜度和均匀性。计算送风射流参数是设计过程中的关键步骤之一。通过精确的计算，可以确定送风射流的速度、温度和湿度等参数，从而调整送风口的设计和布置，以满足工作区的实际需求。这不仅可以提高空调系统的效率，还可以降低能耗，实现节能减排的目标。

①侧面送风的计算。侧面送风在整个房间内形成一个很大的回旋气流，工作区处于回流区，能保证工作区有较稳定、均匀的温度场和速度场。为使射流在到达工作区之前有足够的射程进行衰减，工程上常设计成靠近顶棚的贴附射流，并多用活动百叶风口。下面介绍侧面送风的设计计算步骤。

第一，选定送风口形式，确定湍流系数 a；布置送风口位置，确定射程 x。

第二，根据空调精度选取送风温差，计算送风量和新风量。

第三，确定送风口的出流速度 v_0。送风口的出流速度根据以下两条原则确定。

a. 应使回流平均速度小于工作区的允许流速。一般情况下工作区允许速度可按 0.25 m/s 考虑。

b. 为防止风口噪声的影响，限制送风速度为 2 ～ 5 m/s。

最大允许送风速度的经验公式为

$$v_0 = 0.36\frac{\sqrt{A_n}}{d_0} \tag{4-1}$$

式中：A_n——垂直于单股射流的房间横截面积（m^2）；

d_0——送风口直径或当量直径（m）。

假设房高为 h，房宽为 b，则送风口数目为

$$N=\frac{hb}{A_n} \tag{4-2}$$

总送风量 $q_v(m^3/h)$ 为

$$\begin{aligned} q_v &= 3\,600v_0\frac{\pi d_0^2}{4}N \\ &= 3\,600v_0\frac{\pi d_0^2}{4}\times\frac{hb}{A_n} \end{aligned} \tag{4-3}$$

则

$$\frac{\sqrt{A_n}}{d_0}\approx 53.17\sqrt{\frac{hbv_0}{q_v}} \tag{4-4}$$

从式（4-4）可以看出，在计算 $\sqrt{A_n}/d_0$ 的公式中又包含有未知数 v_0，因此只能用试算法来求 v_0，即假设 v_0，由式（4-1）算出 $\sqrt{A_n}/d_0$；将算出的 $\sqrt{A_n}/d_0$ 代入式（4-1）计算出 v_0；若算得 v_0 为 2 ～ 5 m/s，即认为可满足设计要求，否则需要重新假设 v_0，重复上述步骤，直至满足设计要求为止。

第四，确定送风口数目 N。送风口数目 N 可按下式计算：

$$N=\frac{hb}{\left(\frac{ax}{\bar{x}}\right)} \tag{4-5}$$

其中 $\bar{x}$ 可从非等温受限射流轴心温差衰减曲线（图 4-3）中查出。图 4-3 中的 Δt_x 为射程 x 处的射流轴心温差，一般应小于或等于空调精度；Δt_0 为送风温差。

射程 $x=$ 为 $l-0.5$，l 为房间长度，减去 0.5 是考虑距墙 0.5 m 范围内为非恒温区。

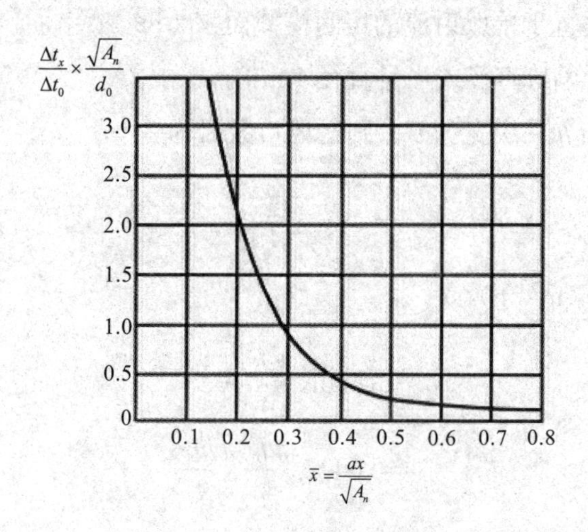

图 4-3　非等温受限射流轴心温差衰减曲线

第五，确定送风口尺寸。由下式算得每个风口面积 A_f（m^2）：

$$A_f = \frac{q_v}{3\,600 v_0 N} \tag{4-6}$$

根据面积 A_f 即可确定圆形风口的直径或者矩形风口的长和宽。

第六，校核射流的贴附长度。射流贴附长度是否等于或大于射程长度，关系到射流是否会过早地进入工作区，因此需对贴附长度进行校核。若算出的贴附长度大于或等于射程长度，即可认为满足要求，否则需重新设计计算。

射流贴附长度主要取决于阿基米德数 Ar，其计算如下：

$$Ar = \frac{g d_0 \left(T_0 - T_n\right)}{v_0^2 T_n} \tag{4-7}$$

式中：T_0——射流出口温度（K）；

T_n——房间空气温度（K）；

g——重力加速度（m/s^2）；

d_0——风口面积当量直径（m）。

当 $T_0 > T_n$ 时，$Ar > 0$，射流向上弯；当 $T_0 < T_n$ 时，$Ar < 0$，射流向下弯。

根据 Ar 数的绝对值，查相对贴附长度 x/d_0 和阿基米德数 Ar 的关系曲线（图 4-4），可得 x/d_0 的值，即射流贴附长度 x。

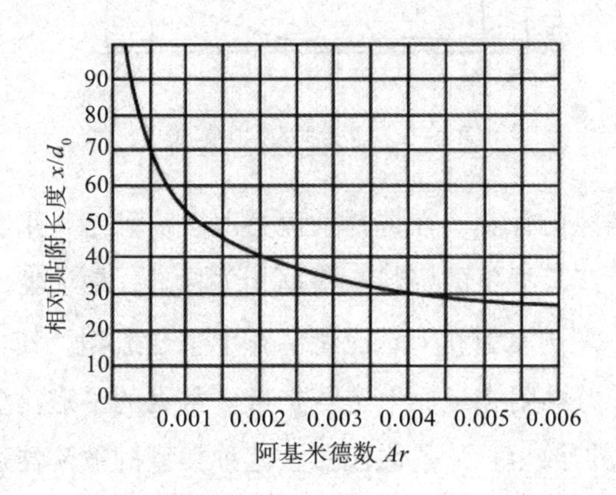

图 4-4　相对贴附长度 x/d_0 和阿基米德数 Ar 的关系曲线

第七，校核房间高度。为了保证工作区都能处于回流状态，而不受射流的影响，需要有一定的射流混合层高度，如图 4-5 所示。

因此，空调房间的最小高度 h 为

$$h = h_k + W + 0.07x + 0.3 \tag{4-8}$$

式中：h——最小高度（m）；

h_k——空调区高度（m），一般取 2 m；

W——送风口底边至顶棚距离（m）；

x——原始距离（m），取扩散角为 4°，$\tan 4^\circ = 0.07$，则射流向下扩展距离为 $0.07x$；

0.3——安全系数。

如果房间高度大于或等于 h，即可认为满足要求，否则要调整设计。

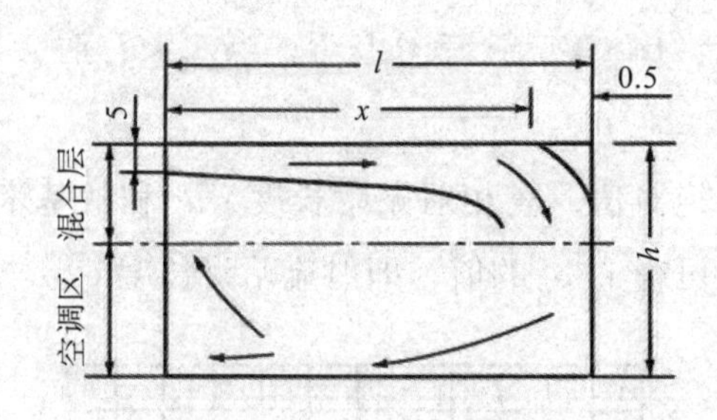

图 4-5　侧上送的贴附射流

②散流器送风的计算。在选择散流器时，需参考《采暖通风国家标准图集》以及生产厂提供的资料。根据相关标准，散流器的送风气流流型通常有两种：平送流型和下送流型。对于平送流型，其特点是将空气呈辐射状送出，并贴附在顶棚上进行扩散。常见的平送流型散流器包括盘式散流器和大扩散角直片式散流器。这种类型的散流器适用于需要将空气均匀分布在房间内的情况，能够有效地提高空气的均匀性和稳定性。下送流型散流器是将送风射流自散流器向下发送出，扩散角一般在 20°到 30° 之间。常见的下送流型散流器包括流线型散流器和小扩散角直片式散流器。这种类型的散流器适用于需要将空气有针对性地送至特定区域的情况，如工作台或座位下方，以提供局部的舒适环境。

散流器平送风可根据空调房间面积的大小和室内所要求的参数设置一个或多个散流器，并布置为对称形或梅花形，如图 4-6 所示。采用梅花形布置时，每个散流器送出的气流有互补性，气流组织更为均匀。为使室内空气分布良好，送风的水平射程与垂直射程（ $h_x = H - 2$ ）之比宜保持为 0.5 ～ 1.5，圆形或方形散流器相应送风面积的长宽比不宜大于 1 ∶ 1.5，并注意散流器中心离墙距离一般应大于 1 m，以便射流充分扩散。

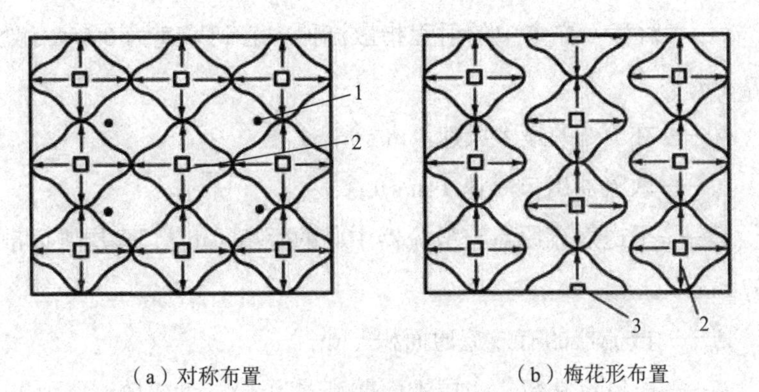

（a）对称布置　　（b）梅花形布置

1—柱；2—方形散流器；3—三面送风散流器。

图 4-6　散流器平面布置图

在散流器的布置过程中，需要综合考虑多个因素，以保证射流的射程和扩散效果。首先，散流器之间的间距和离墙的距离至关重要。这两者的设置应该兼顾射程和扩散效果的需求，既要确保射流能够到达远处，又要保证射流的扩散效果良好。散流器的布置还需要充分考虑建筑结构的特点。例如，散流器平送方向不应有障碍物，以确保送风的畅通。此外，每个圆形或方形散流器所服务的区域最好是正方形或接近正方形的形状，这样可以更有效地利用送风的覆盖范围。若散流器服务区的长宽比大于 1.25，则宜选择矩形散流器，以保持送风的均匀性和稳定性。若采用顶棚回风的布置方式，则回风口应布置在距散流器最远处，以确保空气能够有效地循环和再循环，从而提高空气质量和舒适度。

散流器送风气流组织的计算主要是选用合适的散流器，使房间内风速满足设计要求。圆形多层锥面和盘式散流器平送射流的轴心速度衰减可按式（4-9）计算。

$$\frac{v_x}{v_0}=\frac{KA_0^{\frac{1}{2}}}{x+x_0} \tag{4-9}$$

式中：x——射程，样本中的射程指散流器中心到风速为 0.5 m/s 处的水平距离（m）；

v_x——在 x 处的最大风速（m/s）；

v_0——散流器出口风速（m/s）；

x_0——平送射流原点与散流器中心的距离（m），多层锥面散流器取 0.07 m；

A_0——散流器的有效流通面积（m^2）；

K——送风口常数，多层锥面散流器为 1.4，盘式散流器为 1.1。

工作区平均风速 V_m 与房间大小、射流的射程有关，可按式（4–10）计算。

$$v_m = \frac{0.381x}{(\frac{l^2}{4} + H^2)^{\frac{1}{2}}} \tag{4–10}$$

式中：l——散流器服务区边长（m），当两个方向长度不等时，可取平均值；

H——房间净高（m）。

式（4–10）是等温射流的计算公式。当送冷风时，应增加 20%，送热风时应减少 20%。散流器平送气流组织的设计步骤如下。

a. 按照房间（或分区）的尺寸布置散流器，计算每个散流器的送风量。

b. 初选散流器。选择适当的散流器颈部风速 v。层高较低或要求噪声低时，应选低风速；层高较高或噪声控制要求不高时，可选高风速。选定风速后，进一步选定散流器规格。

选定散流器后可算出实际的颈部风速，散流器实际出口面积约为颈部面积的 90%，因此：

$$v_0 = \frac{v_0'}{0.9} \tag{4–11}$$

c. 计算射程，由式（4–9）得：

$$x=\frac{Kv_0A_0^{\frac{1}{2}}}{v_x}-x_0 \tag{4-12}$$

d. 校核工作区的平均速度。若 v_m 满足工作区风速要求，则认为设计合理；若 v_m 不满足工作区风速要求，则重新布置散流器，重新计算。

（3）风管的设计。风管设计时应统筹考虑经济、实用两条基本原则。风道设计的基本任务是确定风管的断面形状，选择风管的断面尺寸，以及计算风管内的压力损失，最终确定风管的断面尺寸，并选择合适的通风机。

①风管的布置。气流组织及风口位置确定以后，要布置风管，通过风管将各个送风口和回风口连接起来，为风口提供一个空气流动的渠道。布置风管时要考虑的因素如下。

a. 尽量缩短管线，减少分支管线，避免复杂的局部构件，以节省材料和减小系统阻力。

b. 要便于施工和检修，恰当处理与空调水、消防水管道系统及其他管道系统在布置上可能遇到的矛盾。

相同房间、相同送风口的两种风管布置形式如图 4–7 所示。对比两者，显然如图 4–7（b）所示风管布置形式比如图 4–7（a）所示风管布置形式的管线要长，分支管线和局部构件也较多，因此如图 4–7（a）所示风管布置形式优于如图 4–7（b）所示风管布置形式。

②风管内空气流动阻力的计算。

a. 沿程阻力（或摩擦阻力）。根据流体力学原理，空气在管道内流动时，沿程阻力按式（4–13）计算。

$$\Delta p_m=\lambda\frac{l}{d}\times\frac{\rho v^2}{2} \tag{4-13}$$

式中：Δp_m——空气在管道内流动时的沿程阻力（Pa）；

λ——沿程阻力系数；

ρ——空气密度（kg/m^3）；

v——管内空气平均流速（m/s）；

d——风管直径（m）。

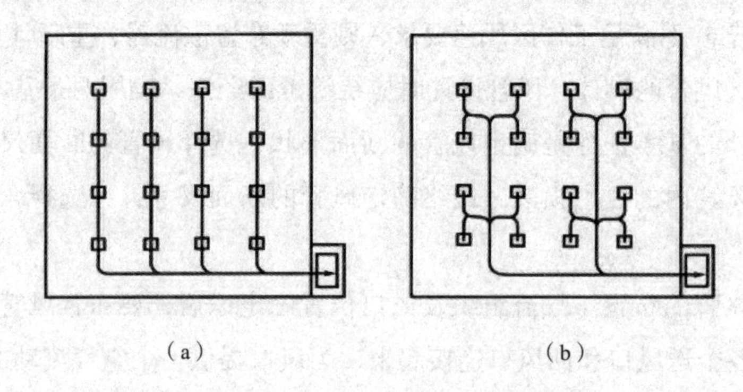

图 4-7　相同房间、相同送风口的两种风管布置形式

因此，圆形风管单位长度的沿程阻力为

$$R_{m}=\frac{\lambda}{d}\times\frac{\rho v^{2}}{2} \tag{4-14}$$

当圆管内为层流状态时，$\lambda=64/Re$。当圆管内为紊流状态时，$\lambda=f(Re,K/d)$，式中 Re 为雷诺数；K 为风管内壁粗糙度，即紊流时沿程阻力系数不仅与雷诺数有关，还与相对粗糙度 K/d 有关。尼古拉兹采用人工粗糙管进行试验，得出了沿程阻力系数的经验公式。在空调系统中，风管中空气的流动状态大多属于湍流光滑区到粗糙区之间的过渡区，因此沿程阻力系数可按式（4-15）计算。

$$\frac{1}{\sqrt{\lambda}}=-2\lg\left(\frac{K}{3.7d}+\frac{2.51}{Re\sqrt{\lambda}}\right) \tag{4-15}$$

对于非圆形截面管道沿程阻力的计算，引入当量水力半径 d_{e} 后，所有圆管的计算方法与公式均可适用非圆管，只需把圆管直径换成当量水力直径即可。

$$d_e = 4R = 4 \times \frac{A}{x} \quad (4\text{–}16)$$

式中：R——水力半径（m）；

A——过流断面的面积（m^2）；

x——湿周（m）。

在进行风管设计时，通常利用式（4–14）和式（4–15）制成计算表格或线算图进行计算。这样，若已知风量、管径、流速和单位沿程阻力四个参数中的任意两个，即可求得其余两个参数。

b. 局部阻力。当空气流过风管的配件、部件和空气处理设备时都会产生局部阻力。局部阻力可按式（4–17）计算。

$$Z = \zeta \frac{\rho v^2}{2} \quad (4\text{–}17)$$

式中：Z——空气在管道内流动时的局部阻力（Pa）；

ζ——局部阻力系数。

因此，风管内空气流动阻力等于沿程阻力和局部阻力之和，即

$$\Delta p = \sum\left(\Delta p_m + Z\right) = \sum\left(R_m l + \zeta \frac{\rho v^2}{2}\right) \quad (4\text{–}18)$$

由于影响风管系统阻力的随机因素较多，要精确计算阻力往往比较困难，工程上常用简略估算法：

$$\Delta p = R_m l(1+k) \quad (4\text{–}19)$$

式中：l——风管总长度（m）；

k——局部阻力与摩擦阻力的比值，局部构件少时，取 1.0 ～ 2.0；局部构件多时，取 3.0 ～ 5.0。

③风道系统水力计算。

风道水力计算是在系统和设备布置、风管材料以及各送风点、回风点的位置与风量均已确定的基础上进行的。风道水力计算的主要目的是确定各管段的管径（或断面尺寸）和阻力，保证系统内达到要求的风量

分配，最后确定风机的型号和动力消耗。

风道水力计算方法比较多，如假定流速法、压损平均法、静压复得法等。对于低速送风系统，大多采用假定流速法和压损平均法；而对于高速送风系统，则采用静压复测热法。

下面以假定流速法为例，说明风道水力计算的方法步骤。

a. 确定空调系统风道形式，合理布置风道，并绘制风道系统轴测图，作为水力计算草图。

b. 在计算草图上进行管段编号，并标注管段的长度和风量。管段长度一般按两管件间中心线长度计算，不扣除管件（如三通、弯头）本身的长度。

c. 选定系统最不利环路。最不利环路一般指最远或局部阻力最大的环路。

d. 根据造价和运行费用的综合最经济的原则，选择合理的空气流速。

e. 根据给定风量和选定流速，逐段计算管道断面尺寸，并使其符合矩形风管统一规格。根据选定的断面尺寸和风量，计算出风道内的实际流速。

f. 计算系统的总阻力 Δp 。

g. 检查并联管路的阻力平衡情况。

h. 根据系统的总风量、总阻力选择风机。

2. 水管式空调系统设计

水管式空调系统示意图如图 4-8 所示。水管式空调系统通常将水或乙二醇水溶液作为输送介质，也就是所谓的风机盘管系统。系统通过室外主机的热交换器产生冷 / 热水，然后通过管路输送至室内的各种末端装置，一般是风机盘管。在这些末端装置处，冷 / 热水与室内空气进行热交换，从而实现对各个房间的空调调节。这种系统的运作方式非常灵活且高效。它将水作为热量的传递媒介，通过管路系统将冷 / 热水输送至室内各个末端装置。在末端装置处，通过内部的换热器将水的温度传

递给室内空气，从而调节室内的温度。这种分散处理各房间的空调系统的形式，能够有效地满足不同房间的空调需求，实现对室内温度的精确控制。与传统的中央空调系统相比，水管式空调系统具有一些明显的优势。首先，由于水的热传递效率较高，系统能够提供更加均匀和稳定的空调效果。其次，水管式空调系统的管路布置灵活，适用于各种建筑结构和空间布局，并且安装成本相对较低。

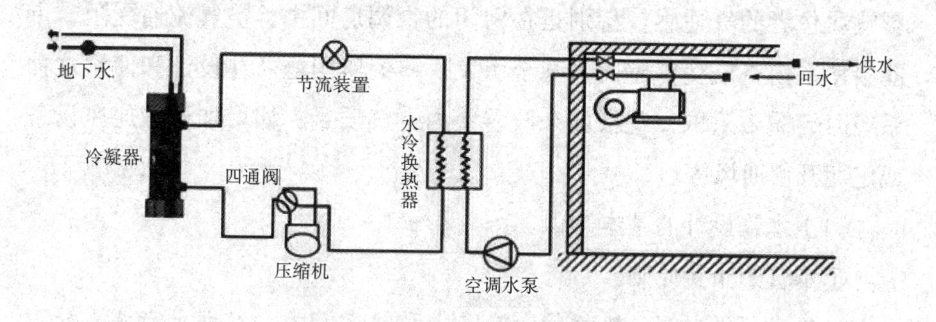

图 4-8　水管式空调系统示意图

水管式空调系统中，室内末端通常采用风机盘管。风机盘管具有灵活的调节能力，通常可以调节风机的转速，从而控制送入室内的冷 / 热量。此外，风机盘管还可以通过调节水量和水温等方式，灵活地调节能量的输出。这使得系统能够对每个空调房间进行单独调节，满足不同房间不同的需求，提高系统的节能性能。通过调节风机盘管的转速，可以控制空气的流量和速度，从而调节室内的温度和湿度。通过调节水量和水温，可以控制冷 / 热水的供应量和温度，进而控制室内空气的温度。这种单独调节的能力使系统可以根据每个房间的实际需求，提供个性化的空调服务，提高了空调系统的效率和房间的舒适性。由于风机盘管可以根据需要调节能量输出，系统可以根据实际使用情况动态调整能耗，达到节能的目的。在人员密集的房间可以增加冷 / 热量的供应，而在空闲或低负荷时可以减少能量的输出，从而降低能耗成本。

冷 / 热水机组的输配系统占用空间较小，因此并不受住宅层高的限制，这使其在建筑设计和布局上更加灵活。这种系统一般较难引进新风，这对于经常关闭的空调房间来说，可能会影响其舒适性。由于冷 / 热水机组的输配系统相对紧凑，它们可以轻松地安装在建筑的地下室或其他空间中，不会占用过多的室内空间。这为建筑的设计提供了更大的自由度，使得设计师可以更好地利用空间，使建筑的功能更丰富，造型更美观。由于这种系统较难引进新鲜空气，这可能会导致室内空气质量下降，影响居住者的舒适感。特别是在密闭的空调房间中，空气流通受阻，可能会使室内空气变得憋闷，甚至引发一些健康问题。在设计和使用这种系统时，需要采取一些措施来改善室内空气质量，如增加机械通风设备或定期开窗通风等。

（1）水管设计的基本知识。

①水管的布置原则。

a. 具有足够的冷 / 热负荷交换能力和输送能力，以满足空调系统对冷 / 热负荷的要求。

b. 具有良好的水力工况稳定性。

c. 水量调节灵活，能适应空调工况变化的调节要求。

d. 投资省、能耗低、运行经济，并且便于操作和维护管理。

在闭式循环系统中，冷 / 热水系统的设计需要考虑多个方面的因素。根据冷热水的使用情况、水泵配置、管路长度以及流量调节方式的不同，可以将冷水系统划分为不同类型的系统。对于一般建筑物的普通舒适型空调，其冷 / 热水系统通常采用单式水泵、变水量调节、双管制的闭式系统，并尽可能采用同程式或分区同程式。单式水泵系统指的是整个系统只使用一种水泵进行供水，这样设计简单且成本较低。变水量调节意味着系统可以根据实际需要动态调整水量的供应，以满足不同房间或区域的空调需求，提高系统的灵活性和节能性。双管制系统则是指冷水和热水共用同一套管路，在不同的季节或工作状态下，通过切换阀门实现冷热水的供应。这种设计简化了管路结构，降低了系统的复杂度。同程

式或分区同程式的设计可以确保各个环路的长度相近或分区环路长度相近，从而提高系统的稳定性和均衡性，减少水流不均匀带来的影响。在流量调节方面，定流量式和变流量式各有优劣。单式水泵变水量调节两管制冷 / 热水系统如图 4-9 所示。

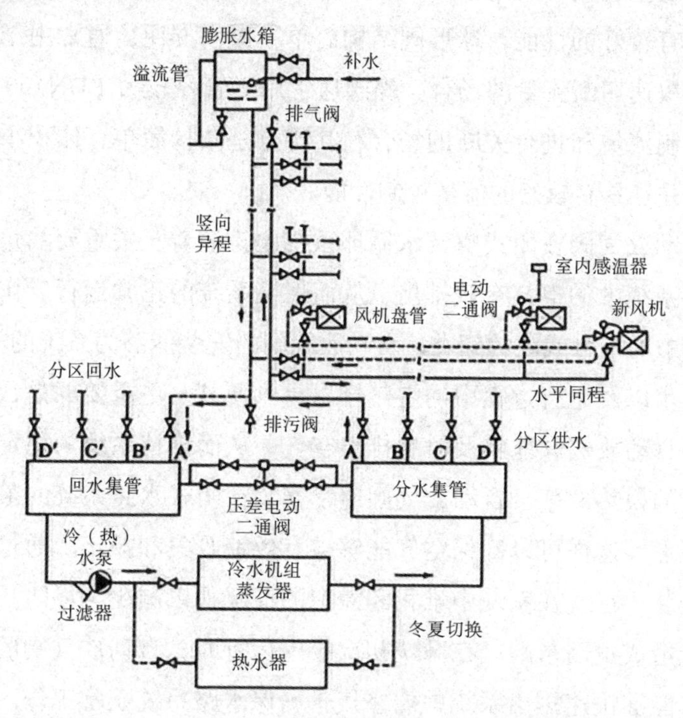

图 4-9　单式水泵变水量调节两管制冷 / 热水系统

②水系统的管路附件。

a. 阀门。在空调水路中，关断阀用于控制水流的通断。除了关断阀外，还常见到一些其他类型的阀件，如自动放气阀、浮球阀、止回阀、平衡阀和减压稳压阀等。关断阀主要分为闸板阀、球形阀和蝶阀三种类型，分别具有不同的结构和工作原理。闸板阀常被称为闸阀，球形阀常称为球阀或截止阀，而蝶阀则以其结构简单、操作方便而受到广泛应用。这些阀件在空调水路中起着重要的作用，能够有效地控制水流，维护系统的正常运行。

闸阀是一种常见的阀门，其主要构件包括闸板和阀座。其中，闸板与流体流向垂直，通过调整与阀座的相对位置来改变通道大小，从而调节流体的流速或实现通道的截断。这种设计使得闸阀在流量控制和截断方面具有较好的性能。球形阀结构简单，操作方便，通常用于需要频繁操作或快速切断流量的场合。蝶阀通常用于管径较大（DN100 以上）且需要控制流量和进行关断的场合，其特点是结构简单，体积小巧，操作灵活，并且具有较好的流量控制性能。

自动放气阀在闭式空调水循环系统中扮演着至关重要的角色，其作用是将系统中的空气有效排出，从而保证系统的正常运行。作为中央空调系统中的不可或缺的阀类，自动放气阀的安装能够为系统的初次注水、清洗换水以及运行过程中的空气排出提供便利。更重要的是，在系统运行中，自动放气阀能够及时地排出空气，从而维持系统的稳定水力工况和较高的换热效率。自动放气阀通常安装在闭式水路系统的最高点和局部最高点，这样可以确保空气能够被有效地收集和排出。通过自动放气阀的安装，空气在系统中堆积和滞留的情况得以减少，可防止空气对水路系统造成负面影响。在系统初次投入运行时，自动放气阀的作用更为显著，能够快速排出系统中的空气，确保水路系统正常工作。除了方便维护和保养外，自动放气阀的另一个重要作用是提高了系统的稳定性和效率。通过及时地排出空气，系统的水力工况得以稳定，可防止水流不畅和管道堵塞等问题的发生，同时可减少空气的存在，有利于提高水的换热效率，确保系统的能效表现。

浮球阀是一种广泛应用于膨胀水箱和冷却塔的装置，其主要功能在于实现自动补水和维持恒定水位。浮球阀根据浮球的上升和下降，感知水位的变化，并相应地控制阀门的开闭，从而调节水的流动。当水位下降时，浮球随之下行，从而打开阀门，使水流进入水箱或冷却塔，完成补水的功能。这种自动补水的机制，能够确保系统中的水位始终保持在

所需的范围内，有效地维护了设备的正常运行。当水位升至设定的高度时，浮球便会上升至一定位置，关闭阀门，阻止水的进入，从而防止水位过高，避免设备因水位过高而损坏或泄漏。浮球阀的这种智能调节机制使水箱和冷却塔的管理更加便捷和高效，不需要人工干预，就能够实现对水位的稳定控制，提高了设备的运行效率和安全性。同时，它降低了人为操作失误的风险，确保了系统长时间稳定运行。

止回阀的作用之一是确保系统中的设备能够顺利切换使用。在空调系统中，可能存在多个设备需要共享同一水源或水路。为了避免不同设备之间的介质相互干扰或混合，可利用止回阀有效地防止水流的逆流，保持各个设备的独立运行，确保系统的正常运行。止回阀还能在水泵停机时发挥重要作用，防止由于动压骤然变化形成的倒流对水泵造成破坏。水泵在停机后，由于动压消失，管道中的水流可能会逆向流动，形成倒流。这种倒流不仅可能损坏水泵，还可能影响系统中其他部件的正常运行。通过在循环水泵的出水段安装止回阀，可以有效地阻止这种倒流现象的发生，保护水泵和系统的完整性。

在空调循环水路中，平衡阀的作用不仅在于调节流量，更重要的是平衡管路阻力，以确保系统各处水量按设计值分配。虽然平衡阀价格较高，但其带来的便利是不言而喻的。平衡阀的使用使系统的运行更加稳定可靠。通过合理设置和调节平衡阀，可以确保系统中的水量分配均匀，避免了一些末端水量过大而其他末端水量不足的情况发生。这样一来，就能够提高整个系统的效率和性能，延长设备的使用寿命。平衡阀的精确调节使系统的运行更加节能、环保。通过调节平衡阀，可以准确控制系统中的水流量，使系统运行处于最佳状态。这不仅可以降低能源消耗，减少能源浪费，还能够降低运行成本，提高系统的经济效益。平衡阀的应用简化了系统的维护和管理。由于系统中的水量分配更加均匀，各个末端设备的运行状态更加稳定，因此减少了系统维护的频率和工作量。这对于系统运行的长期稳定性和可靠性具有重要意义，也降低了系统运行的风险和故障率。

在高层建筑的供回水管道中，设置减压稳压阀是一项关键的措施，它能有效地管理管道系统的压力，确保水流在管路和设备中稳定流动，从而避免了传统的竖向分区方案。减压稳压阀的作用不仅在于调节管道压力，还能够降低阀后管路和设备的承压，这对于确保整个系统的安全运行至关重要。减压稳压阀通过改变其开度，可以实现对管道内压力的调节。无论是在高峰时段还是低谷时段，减压稳压阀都能对管道内的压力进行相应的调整，并稳定在所需的数值上。这种自动调节功能使得管道系统能够在不同的工作负荷下保持稳定的运行状态，为建筑提供了可靠的供水和排水服务。减压稳压阀既能够降低动压，又能够隔断静水压力。这意味着无论是在水流经过管道时还是在无水流经过时，减压稳压阀都能对管道内的压力进行有效的控制和管理。这不仅有助于减少管道系统中的水压冲击，还能够防止因管道损坏或故障而出现漏水和泄漏情况，从而提高了整个水系统的可靠性和安全性。根据驱动方式，通常可将减压稳压阀分为两类：电动阀和手动阀。电动阀通过电力驱动，能够实现自动控制和远程监控，适用于需要频繁调节和大范围压力控制的场合；而手动阀则依靠人工操作，适用于对压力要求不是很严格或者需要在特定情况下进行手动调节的场合。不论是哪一种驱动方式，减压稳压阀都能够有效地维护管道系统的稳定运行，确保建筑物内部的供水和排水系统安全、高效地运行。

b. 过滤器。过滤器通常装在测量仪器或执行机构之前，其构造如图 4-10 所示。常用的过滤器规格为 10 目、14 目或 20 目。

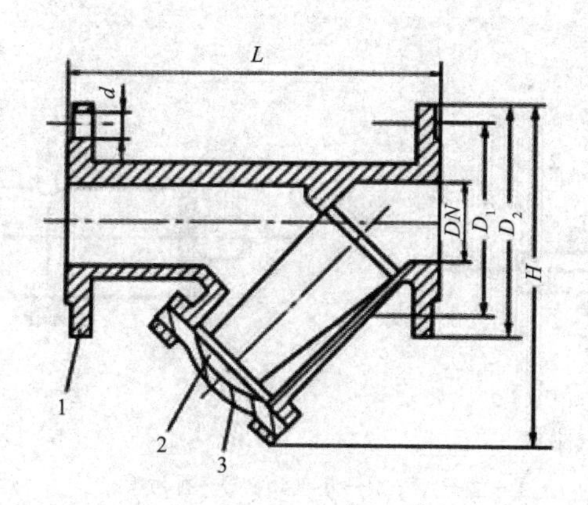

1—壳体；2—过滤部件；3—盖。

图 4-10　过滤器的结构

过滤器只能安装在水平管道中，介质的流动方向必须与外壳上标明的箭头方向一致。过滤器与测量仪器或执行机构的距离一般为公称直径的 6 ～ 10 倍，并定期清洗。

c. 集气罐。水系统中采用集气罐的目的是及时排出系统内的空气，以保证水系统的正常运行。集气罐一般由 DN100 ～ 250 的钢管焊接而成，有立式和卧式两种，如图 4-11 所示。排气管通常选用 DN15 的钢管，其上安装排气阀，用于集气罐的充水和运行过程中定期排放气体。立式集气罐由于容积较大，适用于大多数情况。只有当管道距顶棚的距离非常小，无法安装立式集气罐时，才会考虑采用卧式集气罐。这样的设计能够有效地满足系统运行和维护的需要，确保空气和水的顺畅流动，保证系统的稳定运行。

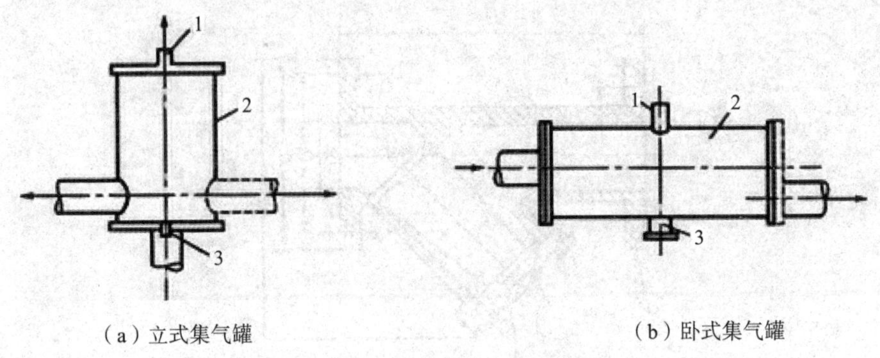

（a）立式集气罐　　（b）卧式集气罐

1—排气管；2—集气罐；3—排污管。

图 4-11　集气罐的构造简图

分水器或集水器的构造如图 4-12 所示，分水器或集水器在选用管壁和封头板的厚度以及焊缝做法时，需符合耐压要求，以确保系统的安全运行。为了控制水流速度为 0.5 ～ 0.8 m/s，通常要求管径大于最大接管开口直径的两倍。管长由连接的管接头个数、管径和间距等因素来确定。在供回水集管底部设置排污管接头是必要的，一般选用 DN40 规格，以保证系统排污畅通，确保水质的稳定和清洁。

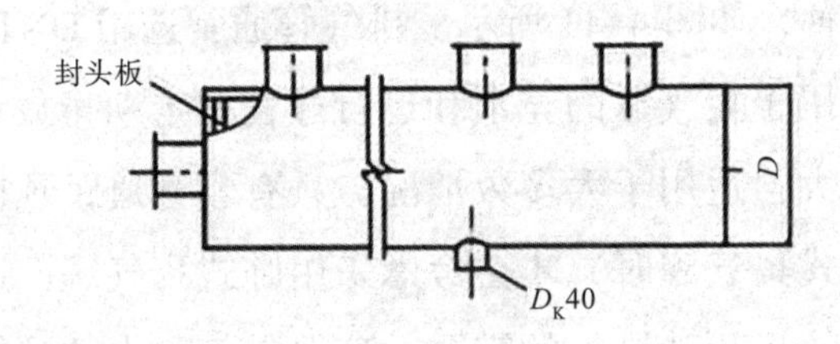

图 4-12　分水器或集水器的构造简图

（2）冷 / 热水系统的设计。空调冷热水系统设计的首要任务是根据管段的流量和规定的管内水流速度来确定管道直径，以此为依据进行管路的设计。通过计算管路的沿程阻力和局部阻力，可以为选择循环泵的扬程提供重要依据，从而选出合适的水泵等设备。在设计过程中，需要综合考虑系统的整体布局、管道长度、管材材质以及系统的运行要求等

因素。通过合理选择管道直径和相应的泵扬程，可以保证水在管路中的稳定流动，提高系统的运行效率和能耗节约。

①水管路系统的设计原则。

a. 空调管路系统应具备足够的输送能力。在中央空调系统中，通过水系统来确保每台空调机组或风机盘管的循环水量达到设计流量，以保证机组的正常运行。水系统扮演着关键角色，它将冷却水或热水从中央冷热水机房输送至各个空调机组或风机盘管，为它们提供所需的冷却或加热功能。通过合理设计和布置管道、泵以及控制阀等设备，可以确保水流的稳定循环，并在不同负荷条件下自动调节水流量，以满足每台机组的需求。这样可以保证整个系统的均衡运行，提高能效和性能表现，同时保障空调系统的可靠性和稳定性。

b. 合理布置管道。在管道布置中，即使初投资略有增加，也应尽可能选用同程式系统，因为这样做有助于保持管路的水力工况的稳定。同程式系统使得管道长度相近，水流通过时的阻力差别较小，有利于维持系统的平衡状态，降低了管道网络的压力损失，提高了水力性能。若采用异程式系统，则各支管长度差别较大，水流通过时的阻力差异也较大，容易导致各支管间的压力不平衡。在设计时需要特别注意这一点，通过合理的管道布局和管径选择，尽可能减少异程式系统可能带来的压力波动和水力不稳定问题发生的概率，确保系统的稳定运行。

c. 在确定系统的管径时，关键是确保输送流量达到设计流量，同时使阻力损失和水流噪声尽可能小，以达到经济合理的效果。管径的选择直接影响到系统的运行成本和效率。较大的管径虽然投资较高，但由于流动阻力小，循环水泵的耗电量随之减少，从而降低了系统的运行费用。因此，需要寻找一种能够使投资和运行费用之和最低的管径。在设计中，还要避免大流量和小温差问题，这是管路系统设计的经济原则。如果管径过小，会增加水流的阻力损失，导致循环水泵需要更大的功率才能维持设计流量，增加了运行费用；如果管径过大，则会增加初投资成本，不利于经济效益的实现。

d. 在设计中，应进行严格的水力计算，以确保各个环路之间符合水力平衡要求，使空调水系统在实际运行中具有良好的水力工况和热力工况。

e. 在设计空调管路系统时应考虑满足中央空调部分负荷运行时的调节要求。

f. 在空调管路系统设计中要尽可能多地采用节能技术措施。

g. 管路系统选用的管材、配件要符合有关规范的要求。

h. 在设计管路系统时要注意便于设备及管道的维修管理，操作、调节方便。

②冷 / 热水系统水管管径的确定。

a. 连接各空调末端装置的供回水支管的管径，宜与设备的进出水接管管径一致，可查产品样本获知。

b. 供 / 回水管的内径可根据各管段中水的体积流量和流速，通过计算确定。

$$d=\sqrt{\frac{4q_v}{3.14v}} \tag{4-20}$$

式中：q_v——水流量（m^3/s）；

v——水流速（m/s）。

③阻力损失的计算。管内水流动阻力等于沿程阻力和局部阻力之和，即

$$\Delta p=\sum\left(\Delta p_{\mathrm{m}}+Z\right)=\sum\left(R_{\mathrm{m}}l+\zeta\frac{\rho v^2}{2}\right) \tag{4-21}$$

上式中，单位沿程阻力 R_{m} 宜控制在 100 ～ 300 Pa/m。

（3）其他设备的选择。

①水泵。

a. 常用水泵的类型。通常空调水系统所用的循环泵均为离心式水泵。

按水泵的安装形式来分，有卧式泵、立式泵和管道泵；按水泵的构造来分，有单吸泵和双吸泵。

卧式泵是空调系统中最为常见的水泵类型之一，如图 4–13 所示。其设计简单，成本相对较低，运行时表现稳定，噪声水平也较低，并且减振设计和维修都相对容易。然而，安装卧式泵需要一定的地面空间，不太适用于面积有限的空间。在面积有限的空间中，可以考虑使用立式泵，如图 4–14 所示。立式泵的电机位于水泵上部，节省了空间。然而，由于其高宽比大于卧式泵，立式泵的运行稳定性不如卧式泵。此外，减振设计相对更具挑战性，维修难度也稍大于卧式泵。

图 4–13　卧式泵

图 4–14　立式泵

管道泵作为立式泵的一种特殊形式，其最显著的特点是可以直接连接在管道上，因此在安装过程中不会占用机房的面积。这种设计非常适用于机房空间有限的情况。然而，由于其直接连接在管道上，其重量不能过大，以确保管道能够承受。在国内，管道泵的电机容量一般不超过 30 kW。这种限制虽然降低了泵的重量，但也限制了其在大型空调系统中的应用。

单吸泵的特点在于水从泵的中轴线流入，经叶轮加压后径向排出，这种设计导致其水力效率较低，同时在运行中存在轴向推力。尽管制造简单，价格较低，但其性能受到一定限制，尤其在大流量系统中表现不佳。相较之下，双吸泵采用叶轮两侧进水（图 4-15），其水力效率明显优于单吸泵，并且能有效消除轴向不平衡力。然而，双吸泵的构造较为复杂，制造工艺要求高，价格也相对较高。在选择泵时需权衡性能与成本，以确保系统运行效率和经济性。在流量较大的空调水系统中，双吸泵更为常见。

图 4-15　双吸泵

b. 水泵的配置。每台制冷机组应各配置一台水泵。为了确保系统运行的可靠性和维护的便利性，备用水泵的配置是至关重要的。通常情况下，建议在管路系统中预先安装备用水泵，并设置切换装置，以便随时切换使用。举例来说，若空调系统包含两台机组，则常常配置三台冷水泵，其中一台作为备用泵。这种配置能够保证在一台泵维修或发生故障时，系统仍能够正常运行。在安装备用水泵时，需要考虑机组蒸发器或热水器的承压能力。若其承压能力足够，可将它们设置在水泵的压出段上，这有利于提高系统的安全性，并使维护保养更加便利；若蒸发器或热水器的承压能力较小，则应将其设在水泵的吸入段上，以免因承压能力不足出现问题。

c. 水泵的选择。通常选用比转数 n_s 在 130 ～ 150 的离心式清水泵。水泵的流量应为冷水机组额定流量的 1.1 ～ 1.2 倍（单台工作时取 1.1，两台并联工作时取 1.2）；水泵的扬程应为它承担的供回水管网最不利环路的总水压降的 1.1 ～ 1.2 倍，即（1. 1 ～ 1.2）Δp_{max}。

确定最不利环路的总水压降是确保系统设计和运行效率的重要步骤。这个水压降包括多个因素：首先是冷水机组蒸发器的水压降 Δp_1，其次是环路中并联的各台空调末端装置中水压损失最大的一台的水压降 Δp_2，还有环路中各种管件的水压降与沿程压降之和。冷水机组蒸发器和空调末端装置的水压降通常可以根据设计工况，从产品样本中查到，而管路系统中各种管件的局部损失以及沿程压降则需要通过水力计算来获得。通过综合考虑这些因素，可以得出最不利环路的总水压降，这对于系统的设计和运行至关重要。水压降的准确计算能够帮助工程师更好地理解系统的水力特性，从而有效地优化系统设计，确保其在各种工况下都能够稳定、可靠地运行。通过合理的水力计算，可以最大程度地减少系统中的能量损失，提高系统的能效，并确保各个组件的正常工作。

在估算时，可大致取每 100 m 管长的沿程损失为 5 m H_2O（1 m H_2O =9 806.65 Pa）。这样，若最不利环路的总长（供水管、回水管管长之和）为 L，则冷水泵扬程 H（m）可按下式估算：

$$H_{max} = \Delta p_1 + \Delta p_2 + 0.05L(1+K) \tag{4-22}$$

式中：K——最不利环路中局部阻力当量长度总和与直管总长的比值。

当最不利环路较长时 K 取 0.2 ～ 0.3；最不利环路较短时 K 取 0.4 ～ 0.6。

②膨胀水箱。

第一，膨胀水箱的构造。膨胀水箱是一个用钢板焊制的容器，如图 4-16 所示，有不同的规格。膨胀水箱上的接管有以下几种：

a. 膨胀管将系统中的水因温度升高而引起的体积增加转入膨胀水箱。

b. 溢流管用于排出水箱内超过规定水位的多余的水。

c. 信号箱用于监测水箱内的水位。

d. 补给水管用于补充系统水量，有手动和自控两种方式。

e. 循环管在水箱和膨胀管可能发生冻结时，用来使水正常循环。

f. 排污管用于排污。

箱体应保温并加盖板，盖板上连接的透气管一般可选用 DN100 的钢管制作。

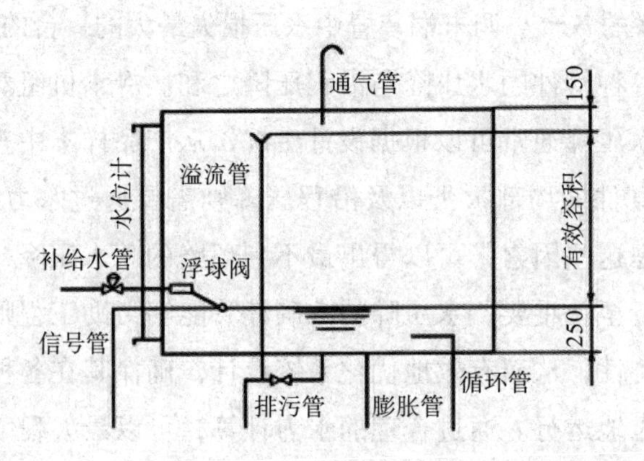

图 4-16　膨胀水箱

第二，膨胀水箱容积的确定。膨胀水箱的容积是由系统中水容量和最大的水温变化幅度决定的，可以用下式计算：

$$V_p = a\Delta tV_s \quad (4\text{-}23)$$

式中：V_p——膨胀水箱的有效容积（m^3），即由信号管到溢流管之间高度差的体积；

a——水的体积膨胀系数（$℃^{-1}$），a =0.000 6 $℃^{-1}$；

V_s——系统内的水容量（m^3），即水系统中管道和设备内存水量的总和；

Δt——最大的水温变化值（℃）。

第三，膨胀水箱的规格型号和配管尺寸的确定。由式（4-23）得出

膨胀水箱的有效容积，即可以进行配管管径选择，从而确定膨胀水箱的规格型号。

3.VRV 空调系统设计

变制冷剂流量（varied refrigerant volume, VRV）。VRV 空调系统是一种先进的制冷系统，如图 4-17 所示。其核心概念在于变制冷剂流量，即通过精确控制压缩机的制冷剂循环量和室内换热器的制冷剂流量，满足室内的冷热负荷需求。VRV 空调系统将制冷剂作为输送介质，与传统的空气冷却系统相比，其独特之处在于利用制冷剂的高效传热性质，提高了系统的效率和性能。室外主机由多个关键组件组成，包括室外侧换热器、压缩机和其他制冷附件。这些组件共同协作，确保制冷剂的稳定循环和传递。VRV 空调系统的关键优势在于其能够灵活地适应不同室内空间的冷热负荷变化。一台室外机可以连接数十甚至上百个室内机，通过精确控制制冷剂的流量，系统可以根据实际需求动态调节制冷量，从而实现对室内温度的精准控制。这种智能化的调节机制不仅提高了能源利用率，还提升了用户的舒适感。传统的空调系统往往容量固定，无法根据实际需求进行调节，导致能源浪费和不必要的成本；而 VRV 空调系统则能够根据实际情况调整制冷量，最大程度地减少能源消耗，降低运行成本。这种节能效果不仅符合可持续发展的理念，还对环境保护起到了积极作用。

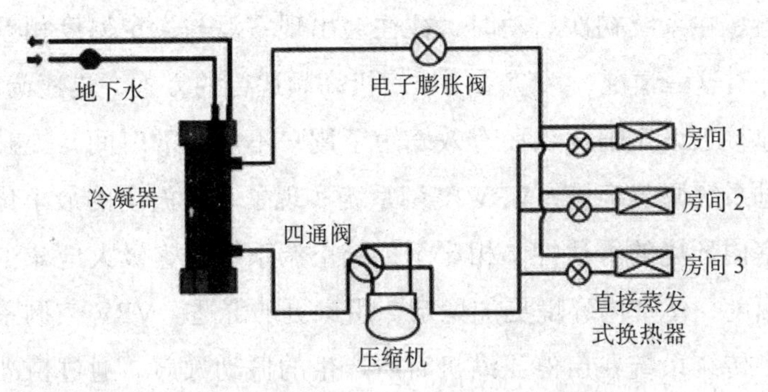

图 4-17　VRV 空调系统示意图

VRV 系统具有节能、舒适、运转平稳等多种优点，而且各房间可独立调节，能满足不同房间的不同空调负荷的要求，具体如下：

VRV 空调系统以室内负荷为依据，在不同转速下持续运行，有效减少了因压缩机频繁启停所带来的能量损失。特别是在制冷或制热工况下，系统的能效比能够随着频率的降低而升高，这是由于压缩机长时间工作于低频区域，使系统的季节能效比相对于传统空调系统大幅提升。此外，采用压缩机低频启动的设计不仅能够降低启动电流，从而节约电能，还能够避免对其他电气设备和电网的冲击，进一步提升了系统的整体节能效果。VRV 空调系统的这些特点使其在能源利用方面表现出色。通过智能控制系统根据实际需求调节压缩机转速，VRV 空调系统能够更加精准地满足室内的冷热负荷要求，避免了不必要的能量浪费。与传统的空调系统相比，VRV 空调系统的能效比在低频运行时更高，这意味着 VRV 空调系统在长时间运行中，能够以更低的能量消耗达到与其他系统相同甚至比其他系统更好的制冷或制热效果，从而降低能源成本和减少对环境的影响。除了节约能源外，VRV 空调系统还通过降低压缩机的启动电流，有效减少了对电气设备和电网的冲击，提高了整个系统的稳定性和可靠性。这种设计不仅有利于节约能源，还有助于延长设备的使用寿命，降低维护和运营成本，为用户带来更加经济实惠的空调解决方案。

VRV 空调系统以其独特的能调节容量的特性，为用户带来了全新的舒适体验。在系统初次启动时，往往会出现室温与设定温度相差较大的情况。针对这一情况，系统采用压缩机高频运行的方式，迅速调节室温，使其快速接近设定值，从而有效缩短了用户不舒适的时间，提升用户体验。通过系统调节容量，VRV 空调系统实现了室温波动的最小化，大大提升了室内环境的舒适性。相比于传统空调系统，它极大地减少了温度波动的幅度，使室内环境更加稳定，用户更加舒适。VRV 空调系统还大大降低了传统系统在启停压缩机时所产生的振动噪声。通过精准的容量调节和优化设计，系统在运行过程中减少了机械部件的震动，使得室内

的噪声水平显著降低，提升了室内的安静舒适度。特别是室内机的风扇电机普遍采用直流无刷电机驱动，其速度切换更加平滑，进一步降低了室内机的噪声水平，为用户营造了更为宁静的生活环境。

VRV 空调系统在与冷水机组相比较时，呈现出了多方面的优势，使其成为当前中小型楼宇空调系统的主流选择。首先，VRV 系统相比冷水机组，其蒸发温度普遍高出约 3℃，而这种微小的差异却带来了显著的能效提升，其能效比可提高 10% 左右。这种高效能的特性意味着在实际运行中，VRV 系统能够以更低的能耗实现相同的制冷效果，从而为用户节约了能源成本，降低了运营成本。VRV 空调系统结构紧凑、体积小、管径细，不需要设置复杂的水系统和水质管理设备。这意味着在建筑物设计中，不需要专门的设备间和管道层，可以节省宝贵的建筑空间，提高建筑面积的利用率，降低建筑物的总体造价。这种结构上的优势不仅节省了建设成本，还使建筑的外观更加简洁、美观。VRV 空调系统的室内机具有多元化的特点，可以根据室内装饰风格选择不同形式的款式，满足用户个性化的需求。更为重要的是，室内机可以实现对各个房间或区域的独立控制，使得用户可以根据需要灵活调节不同空间的温度和湿度，提升了室内环境的舒适度和用户体验。

（1）VRV 空调系统设计步骤。VRV 空调的设计流程如下：图纸分析、初定空调机型—空调负荷的计算—空调室内机的选型—空调主机的选型—空调冷媒管路设计—空调冷凝水管路设计。

（2）冷媒管路设计。

①冷媒铜管的材质要求。冷媒铜管的材质和壁厚对于使用 R410a 环保冷媒至关重要。根据要求，应采用磷脱氧铜管，且小于 ϕ19.05 mm 的铜管采用盘管，大于 ϕ19.05 mm 的铜管采用直管。这些举措旨在保证冷媒铜管的耐压性和耐腐蚀性，以应对高压环境和特殊的化学成分。冷媒配管施工时，必须严格按照干燥、清洁、气密的三个原则进行操作。这意味着在施工前、施工中，配管内部都必须进行细致处理，确保没有任

何污物或水分残留，以保证空调系统的正常运行。养护也是冷媒配管施工中必不可少的一环。配管在施工前后都必须注意养护，避免水分、垃圾或尘埃进入管道，防止管道变形或折弯。管口两端必须加盖盖子，并在施工过程中进行双重保护，以保证配管的完整性和质量。在配管安装过程中，应特别注意室内机、室外机的安装位置及配管的布局和走向。合理的布局和走向可以尽量减少配管的长度，并确保室内机、室外机之间的高度差在合理范围内。同时，应避免某一分支配管过长或布局不合理，以免影响室内机的制冷或制热效果。

②分歧管的选择。空调分歧管也叫空调分支管（图 4-18），是用于 VRV 空调系统、连接主机和多个末端设备（蒸发器）的连接管，分为气管和液管。一般来说，气管的口径比液管要粗。制冷剂从主机出口流出后，经过膨胀阀或毛细管节流后，通过液管连接到分支器。然后，制冷剂分流到各个分支管或末端蒸发器。在蒸发器中，制冷剂吸收热量并变成气体，然后通过气管回流至主机的压缩机。气管和液管在空调系统中起着不同的作用。气管主要负责将制冷剂从蒸发器输送回主机的压缩机，而液管则负责将制冷剂从主机的出口输送到膨胀阀或毛细管处。由于气体在输送过程中需要更大的通道以容纳更多的制冷剂，所以气管的口径通常要比液管粗。膨胀阀或毛细管的作用是控制制冷剂的流量，使其能够适应室内和室外的温度变化，并确保系统的正常运行。分支器则用于将制冷剂分流到各个分支管或末端蒸发器，以分别满足不同区域的制冷需求。在空调系统的安装过程中，气管和液管的布局和走向非常重要。合理的布局可以减少管道长度，提高系统效率，并确保制冷剂能够顺利地流动。而不合理的布局可能会导致某些分支管的制冷效果不佳，影响整个系统的性能。

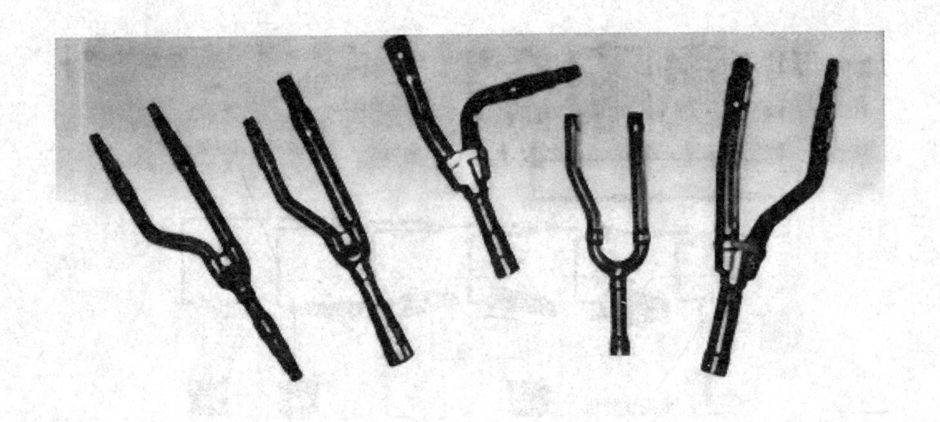

图 4-18　分歧管

空调系统中的分歧管扮演着重要的角色，类似于水管的分叉头，用于分流冷媒。在 VRV 系统中，分歧管则是用来串联几个风口的重要配件。分歧管的选型是根据每个分歧管后所连接的室内机的容量来确定的。分支管的进口和出口均由经过变径的多节铜管组成，这种设计增加了选型的灵活性。不同型号的分歧管适用于不同品牌的空调系统，常见的分歧管型号有格力、大金、日立、海尔、三菱、美的、东芝等，其型号规格各有不同。分歧管的作用是将来自主机的冷媒分流至各个室内机，以实现对多个室内区域的分区控制。根据每个室内机的制冷量和需要，选用合适型号的分歧管是确保系统运行正常的重要步骤。选型时需要考虑分歧管后连接的室内机的容量，以确保冷媒能够均匀地流向各个室内机，从而满足各区域的制冷需求。在 VRV 系统中，分歧管的作用更加突出，它不仅仅用来分流冷媒，还可以串联几个风口，实现更加灵活的空调布局。通过合理选择分歧管型号和布置方式，可以实现对不同区域的精准控制，提高空调系统的运行效率和舒适性。

分歧管之间连接管的尺寸根据下游所接室内机容量选定，如图 4-19 所示。在超过室外机容量时，以室外机容量为准。

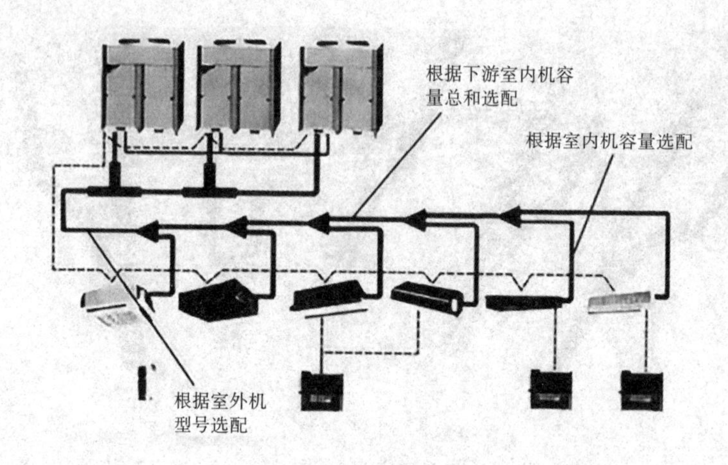

图 4-19　连接管尺寸的选择图

③连接管允许长度和落差。室内机数量不得超过室外机允许连接的数量，各室内机之间的高度差、室内机与室外机之间的高度差不得超过如图 4-20 所示最大值。

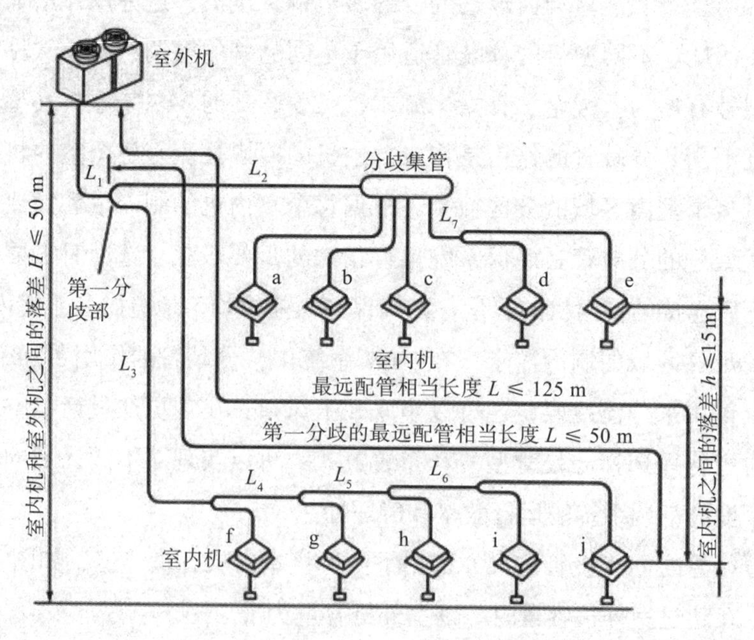

图 4-20　连接管允许长度和落差示意图

相当长度是按分歧头 0.5 m 一个，分歧集管 1.0 m 一个设计。

另外，连接管还应注意以下几点。

第一，第一分歧管之后，管长不能超过 40 m，如图 4–21 所示。否则会导致：

a. 冷媒沿程阻力损失大，出现闪发气体，使末端室内机制冷 / 制热效果达不到设计要求；

b. 管路过长，部分润滑油会沉积在冷媒配管内，长期运行，会使系统容易堵塞。

遇到这种情况可通过推后第一分歧管，或重新匹配系统来解决。方案设计时第一分歧管之后保持 35 m 以下，为安装留足够的余量。

第二，冷媒管与天花板内藏风管机型连接，连接方向只能是面对出风口的右边，如图 4–22 所示。设计时不要受到水系统风机盘管（左右皆可连接）的设计影响，或在一些空间狭窄的情况会出现图纸能设计，但安装空间不够的情况。

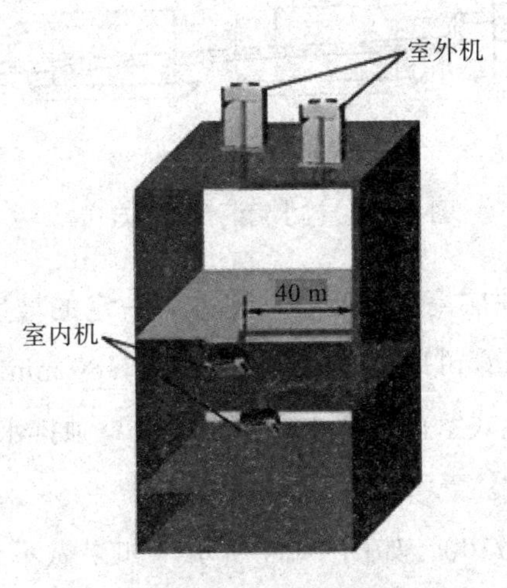

图 4–21　第一分歧管之后管长示意图

图 4-22　冷媒管与内机连接

（3）冷凝水管路设计。

①风管式和天井式室内机的排水。风管式室内机和天井式室内机的排水管走管要求采用多根排水管汇合的方式，如图 4-23 所示。可以将一个系统（一台室外机和连接这台室外机的所有室内机，称为一个系统）的室内机排水管汇合，也可以几个系统的室内机排水管一起汇合。

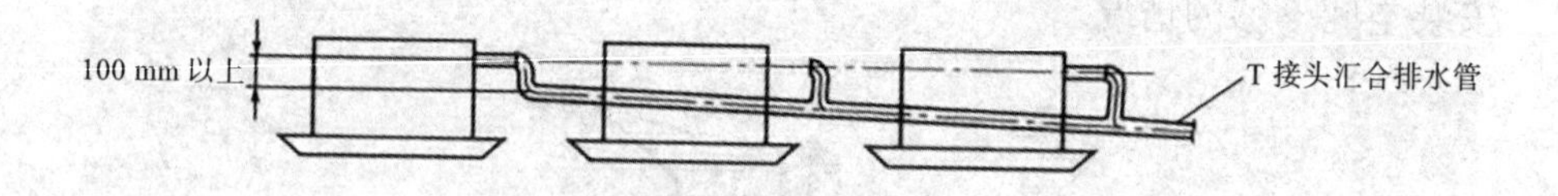

图 4-23　排水管汇合连接方式

一定要考虑吊顶层高，保证顺水流方向一定的坡度。因为天井式室内机有水泵，其排水管可以提升的最大高度为 280 mm。

②壁挂式和落地式室内机要求每台室内机单独排水。

③排水管布置时注意事项

a. 倾斜度至少 1/100，如图 4-24 所示。如果做不到 1/100 坡度，可考虑使用大一号配管，利用管径做坡度。

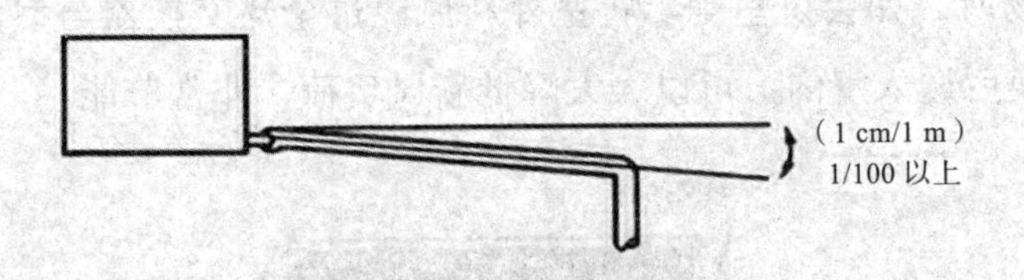

图 4-24　排水管布置坡度

b. 排水管就近排放，尽可能短。

c. 空调排水管必须与其他水管分开安装，以防止其他水管堵塞时水倒流入室内机；特别是与污水管分开安装，以防止异味进入室内。

（4）设计中应注意的问题。

①新风的处理方式问题空调系统中，新风量是一个很重要的技术参数，也是达到室内卫生标准的保证。目前常用的新风处理方式如下。

a. 使用专用的新风机，如图 4-25 所示。其室内机按新风工况设计，排管数通常为 6 排或者 8 排。

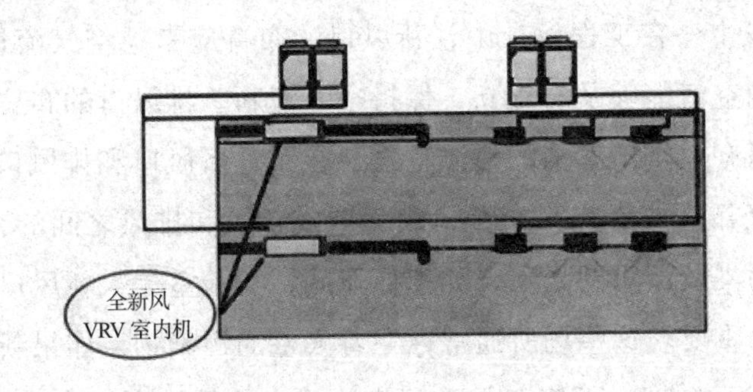

图 4-25　专用新风机送新风示意图

该方式新风机风压较高，然而价格也很贵，并且新风机需要有冷、热水供回水管，一般工程中采用 VRV 空调系统，则不再单独设置冷热水系统，所以这种方式较少采用。

b. 用全热交换器处理新风，如图 4-26 所示。这种方式特别适合有排

风要求的场所，如会议室等。将室外新风经过全热交换器与室内排风进行热湿交换后送入室内，可以大大降低新风负荷，非常节能。

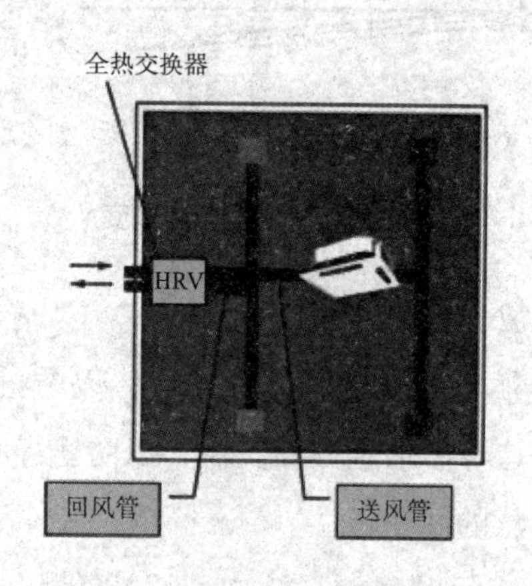

图 4-26　全热交换器处理新风示意图

在工程设计中，新风口和排风口的布置至关重要，特别是在污染较严重的场所，需要特别注意新风口和排风口的合理布局，以避免交叉污染问题的发生。在工程设计中，新风口的布置应考虑空气流通的情况，以确保室内空气能够及时更新，保持空气清新。排风口的布置也需要谨慎考虑，以有效排出室内的污浊空气。在布置新风口和排风口时，应避免它们相互靠近或者交叉布置，以免造成新风和排风之间的交叉污染。特别是在污染较严重的场所，如工厂车间、实验室等，新风口和排风口的布置尤为重要。这些场所通常存在着大量的污染物，如果新风口和排风口的布置不合理，可能会导致污染物交叉传播，影响室内空气质量，甚至对人员健康造成危害。在国内，由于大多数城市空气质量较差，积灰严重，过滤器易堵塞，因此在使用空调系统时需要特别注意。定期清洗过滤器是保持空调系统正常运行的重要措施。定期清洗过滤器可以有效防止过滤器堵塞，保证室内空气质量，延长空调系统的使用寿命。

c. 在 VRV 空调系统中，处理新风问题是一项具有挑战性的任务。常见的处理方式有以下几种，每种方式都有其优缺点。第一种方式是利用

风机箱将新鲜空气送至各个室内机，新风负荷由各个室内机负担。这种方式简单直接，设计时风机箱可以根据系统要求轻松选择合适的风压。在过渡季节，这种方式还可以作为通风换气机使用。然而，未经过处理的新鲜空气直接接入室内机，会导致室内机型号增大、噪声增大，在室外空气湿度较大时可能产生结露现象。第二种方式是采用新风处理单元单独处理新鲜空气，再将处理过的新鲜空气送入室内。这种方式可以有效地控制新鲜空气的质量，减少室内机的负荷，降低噪声，并且可以避免室内机产生结露现象。但是，这种方式需要额外的设备和空间，成本较高。第三种方式是将新风直接引入室内机，但通过合理的设计和控制来解决相关问题。这种方式经济合理，简单适用，是常见的处理方式。但在有排风要求的场合，通常会优先考虑第二种方式，以确保室内空气质量和舒适度。

②一般来说，电机的效率通常约为 0.8，这意味着只有 80% 的输入功率会转化为有用的输出功率，而剩余的 20% 则会以热量的形式散失。因此，在计算室外机的耗电量时，需要考虑到电机效率。虽然压缩机的输出功率在一定程度上反映了室外机的制冷能力，但如果直接将其视为耗电量，可能会产生误导。正确的做法是在进行耗电量的计算时，将压缩机的输出功率乘电机效率因子，即 0.8，以获得更准确的耗电量估算。

③在中小型工程中，特别是在同一层平面存在多种使用功能房间的情况下，空调系统的划分和设计往往会面临诸多困难。不同功能房间的使用时间和面积各不相同，这导致了空调系统的划分复杂度较高。然而，采用 VRV 空调系统可以有效解决这些问题，并充分发挥其灵活布置和节省运行费用的特点。在采用 VRV 空调系统时，室内外机的合理匹配是至关重要的。由于不同功能房间的同时使用系数各异，为了确保系统在较高能效比状态下运行，并在个别房间实际负荷超过计算负荷时保证室内机的出风温度，需要根据具体情况确定同时使用系数。一般来说，同时使用系数可以为 50% ～ 80%。这意味着系统可以在不同负荷情况下灵活

调节，从而达到节能的目的。通过合理设定同时使用系数，可以使系统在不同使用场景下保持高效运行，并在需要时灵活应对负荷变化。采用VRV空调系统还可以实现对不同功能房间的独立控制，从而满足各个房间的特定需求。通过智能控制系统，可以根据不同房间的实际情况进行精确调节，提高空调系统的舒适性和效率。

④室外机的布置问题。在设计室外机的布置时，必须确保进风通畅，排风顺畅，以保证室外机的产冷量（或产热量）。室外机通常布置在屋顶、阳台或地面上，而其中布置在屋顶和阳台的布置方式较为常见，每种布置方式都有其优缺点。将室外机布置在屋顶可以保证排风顺畅，热空气可以快速散发到高空中，从而有效降低了室外机的排风负荷。然而，这种布置方式存在进风曲折的问题，特别是当有多个室外机布置在同一屋顶时，进风会变得曲折，甚至出现干扰现象，影响了室外机的正常运行。将室外机布置在阳台上具有通风顺畅的优点，但这种布置方式的缺点是排风不畅，容易出现回流现象。特别是当多台室外机垂直布置时，容易造成下面室外机的排风被上面室外机吸入，作为进风，进而影响机组的制冷量或制热量。在选择室外机的布置方式时，需要综合考虑各种因素，并根据具体情况做出合理的决策。有时可能需要权衡各种利弊，并通过设计或采取相应的措施来解决可能出现的问题。例如，在屋顶布置室外机时，可以通过合理设计进风口和排风口的位置，减少进风曲折和干扰现象的发生；在阳台布置室外机时，可以通过合理安排室外机的位置和间距，减少排风回流现象的发生，从而提高系统的运行效率和稳定性。

⑤制冷剂的问题。由于VRV空调系统的管道接头较多，增加了制冷剂泄漏的可能性，并且系统的内容积过大，增大了制冷剂充灌量。因此，要求在出现制冷剂泄漏时，安装空调机的房间制冷剂浓度不超过极限值。以制冷剂R410A为例，它没有毒性和易燃性，但是当浓度上升时却存在窒息危险。用于一拖多的制冷剂的浓度极限为0.3 kg/m^3。浓度可能超过

极限值的房间，与相邻房间要有开口，或者安装与气体泄漏探测装置连锁的机械通风设备。

4. 地源热泵机房的设备选型

（1）主机的选型。地源热泵系统在实际应用中很少直接采用室外地热能交换系统作为热泵系统的蒸发器或冷凝器。相反，它们将水或防冻水溶液作为介质，间接地将热泵系统的蒸发器或冷凝器中的制冷剂与大地之间进行热交换。这种间接的方式可以提高系统的效率和稳定性，同时减少对地热能交换器的需求。地源热泵系统的主机设备可以采用不同形式，包括水—空气热泵机组、水—水热泵机组或水—制冷剂热泵机组等。这些不同形式的主机设备在应对不同环境和需求方面各具优势。水—空气热泵机组适用于需要供暖和制冷的建筑物，水—水热泵机组则适用于供暖和热水的需求较大的场所，而水—制冷剂热泵机组则适用于需要制冷的场所。在建筑物内部末端空调系统的设计中，可以采用风机盘管系统或全空气系统。风机盘管系统通过将空气通过盘管进行加热或降温，然后再通过风机将加热或降温后的空气送入室内，从而实现供暖或制冷；全空气系统则直接利用空气进行加热或降温，然后通过风机将调节后的空气送入室内。这两种系统各有特点，可以根据建筑物的具体情况和需求选择合适的系统。对于水环热泵空调系统，其主机设备是由一系列小型水—空气热泵机组通过水环路并联在一起的。这种系统可以更灵活地应对不同房间的需求，同时提高能源利用效率。通过水环路的方式，可以有效地利用系统中产生的余热或余冷，进一步提高系统的能效比。

①主机形式的选择。

第一，采用水—水热泵机组的系统，与目前应用最为广泛的以水冷式冷水机组为主机的空调系统类似。这种方案的显著优点是主机安装位置灵活，输送冷热水的管道尺寸小，节省建筑的使用空间，末端空气处理设备有多种形式可供选择。但在用于住宅空调系统时，必须考虑两个问题。

a. 主机的容量调节问题。对于单户住宅，一般不可能采用多台主机，所以无法通过调整台数来适应空调负荷的变化，采用变频技术等对主机进行容量调节又会增加造价，仅靠室温控制主机的间歇运行在某些情况下可能造成主机的启停过于频繁，从而降低其能效比，缩短其使用寿命。

b. 在选择水—水热泵作为系统主机时，一定要对该工程的地下换热器做详细计算，使地下换热器的进出水温度与水—水热泵的工作温度范围基本一致，以免使热泵效率降低，这点对于水—空气热泵来说也一样。

第二，水—空气热泵机组是通过集中处理空气，再用风道送入各个房间，从而构成全空气系统。这种方式的优点是可以充分考虑对新风的处理，但风道占用的建筑空间大。

第三，水—VRV 热泵机组如图 4-27 所示，由于省去了一个换热环节，其能效比有所提高。这种机组可以直接处理房间空气，可较为分散地安装在各个空调房间内，但价格较贵。

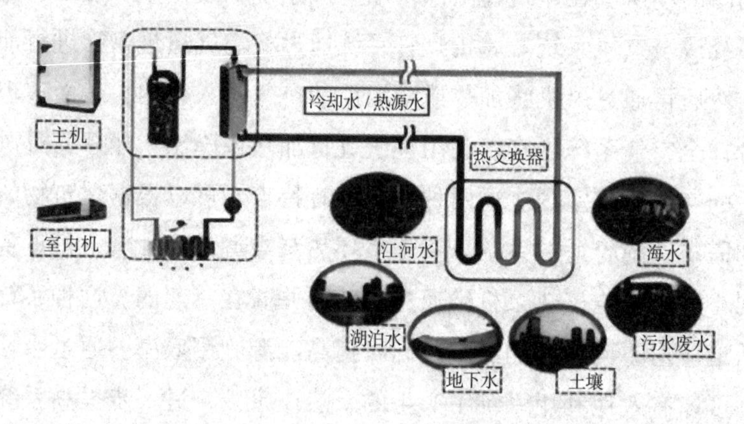

图 4-27　水—VRV 热泵机组

②主机容量的确定。选择合适的主机类型后，下一步是计算用户所在地区的夏季冷负荷和冬季热负荷。夏季冷负荷和冬季热负荷的计算是设计空调系统容量的基础，这决定了所需主机的制冷量和供热量。夏季冷负荷指在夏季最高负荷时需要冷却的热量，包括来自室内热源、外部

热传递和室内照明设备等的热量。冬季热负荷则是指在冬季最低温度时需要加热的热量，包括来自室内热源、外部热传递和室内人员的热量。计算夏季冷负荷和冬季热负荷需要考虑多种因素，包括建筑结构、建筑材料、建筑朝向、建筑采光、人员密度等因素。通常采用建筑热工学的方法，通过建筑能耗模拟软件进行模拟计算。在计算出夏季冷负荷和冬季热负荷后，需要根据所在地区的夏季和冬季空调系统的计算参数来确定制冷量。这些计算参数包括室内外温度、相对湿度、风速等。夏季制冷量和冬季制热量的修正系数是根据建筑冷负荷和热负荷与所选主机容量的关系来确定的。修正系数的目的是确保实际制冷量或制热量能够满足建筑的需要。一般来说，某型号主机的名义制冷量乘夏季冷量修正系数应大于或等于建筑冷负荷，以确保实际制冷量能够满足建筑的需求。

根据计算出的冷负荷和热负荷，以及所在地区夏季和冬季空调系统的计算参数，可以选择合适的主机容量，以确保实际制冷量或制热量能够满足建筑的需求。通过合理的计算和选择，可以确保空调系统在夏季和冬季的运行效果和能效比都能够达到最佳，从而提高建筑的舒适度和能源利用效率。

若采用热泵机，则某型号主机名义制热量 × 冬季热量修正系数 + 电辅助加热器加热量（选配件）≥住宅热负荷。

（2）空气处理方案的确定。对于室内空气处理，可以根据系统主机的形式选择相应的方案。

①对于采用水—水热泵机组的系统，可选择多种形式的风机盘管来处理室内空气。

②对于采用水—空气热泵机组的系统，可根据建筑结构及服务区域空间大小，考虑是否采用全空气系统。

③对于住宅空调系统，由于房间内布置风道较困难，可以考虑采用水—VRV 热泵机组，即制冷剂直接与室内空气进行换热。

无论是水—空气热泵机组还是水 VRV 热泵机组，为提高空调房间的空气品质，必须考虑新风问题。解决新风问题可考虑采用如下办法：

a. 设单独的新风机组集中处理新风后用风道送入各房间。

b. 在外围护结构的某处设过滤装置，并采用轴流风机引入新风，新风与室内空气混合后由室内机组统一处理。

c. 在各房间设带过滤装置的新风口，靠室内浴厕等排风形成的房间负压引入新风。

4.1.2 地源热泵地埋管换热器的设计

地源热泵系统中的地埋管换热器是一种独特的能量交换装置，与常规换热器有着显著的区别。传统的换热器通常用于介质间的热量转移，而地埋管换热器则将地下管道内的流体与地下固体（地层）进行热量交换。这种复杂的换热过程涉及诸多因素，其非稳态性、长时间跨度、大空间范围和复杂条件使地埋管换热器的设计和运行具有挑战性。地源热泵系统中的地埋管换热器涉及多种因素的复杂相互作用，包括水平和竖直埋管在不同工况下与土壤的换热规律，以及土壤冻融、地下水渗流等因素的影响。这些因素使得地埋管换热器的换热过程不仅是热传导过程，更是与地质、水文等条件紧密相关的复杂过程。地埋管换热器的形式多样，地层结构和热物性也千差万别。不同地区的地下结构各异，地热资源分布不均，这导致了地埋管换热器在设计和应用时需要考虑多种因素。在实际工程中，为了简化计算和设计过程，常常采用半经验的公式方法。这些方法通常基于一维的线热源或圆柱模型，以建立起地埋管换热器的计算模型，从而进行换热负荷的评估和系统设计。地埋管换热器的负荷随时间变化，这也增加了系统设计和运行的复杂性。随着季节、气候和使用条件的变化，地埋管换热器需要适应不同的工况，并对系统性能进行动态调整。因此，在设计和运行过程中，需要充分考虑负荷的时变性，以保证系统的稳定性和高效性。

1. 地埋管换热器换热量的确定

查阅被选用的热泵机组的样册，统计出夏季空调运行所需要的机组制冷量之和 $Q_{冷}$ 以及冬季运行所需要的机组吸热量之和 $Q_{热}$ ，查出机组制冷运行和制热运行的能效系数 EER (ε_0) 和 COP(ε_c)。

夏季制冷时，土壤换热器向大地排放的热量为

$$Q_{放}=Q_{冷}\times\left(1+\frac{1}{\mathrm{EER}}\right)+\sum 输送过程得热量+\sum 水泵释放热量 \quad (4\text{-}24)$$

冬季制热时，土壤换热器从大地吸收的热量为

$$Q_{吸}=Q_{热}\times\left(1-\frac{1}{\mathrm{COP}}\right)+\sum 输送过程失热量-\sum 水泵释放热量 \quad (4\text{-}25)$$

在地源热泵系统的应用过程中，地质情况相同时，热泵机组所允许的最低进液温度和最高进液温度是决定热交换器地耦管长度的主要因素。最低进液温度限制着热泵机组的运行。在设计热泵系统时，若以允许的最低进液温度为主要因素，则地耦管的长度将由系统的吸热负荷决定。这意味着需要确保地埋管长度足够长，以满足系统在最低进液温度下的热交换需求，从而保证系统的正常运行和性能稳定。最高进液温度也是设计中必须考虑的重要因素。如果以允许的最高进液温度为主要因素，那么热交换器的长度将由系统的放热负荷决定。在这种情况下，地耦管的长度需要足够长，以确保系统在最高进液温度下能够有效地释放热量，从而避免系统过热和性能下降。在实际应用中，热泵系统的温度往往只会达到最低或最高温度限制值中的一个。因此，在设计热泵系统时，需要综合考虑系统的吸热负荷和放热负荷，并确保地埋管的长度能够满足系统在不同工况下的热交换需求。如果需要降低热泵机组的最高温度允许值或提高最低温度允许值，就必须增加地耦管的长度。在热泵系统设计中要考虑地埋管长度的灵活性和可调节性，以适应不同的运行条件和要求。

2. 地埋管换热器的选材

在地源热泵系统中，地埋管材料的选择对初装费、维护费用、水泵扬程和热泵性能至关重要。优质的管材能够有效提高系统的稳定性和效率，减少能源浪费和维修成本。合适的规格可以确保管道布置的合理性和系统的运行效果。此外，管材的性能也直接影响着系统的热传导效果和抗腐蚀能力，从而影响整个系统的工作效率和使用寿命。因此，在选择地埋管材料时，需综合考虑各方面因素，确保选用的材料能够适应特定的环境条件和工程要求，从而实现地源热泵系统的高效稳定运行。

（1）管材特性要求。地埋管的使用场所特殊，施工较为复杂，因此所选管材必须满足特定的性能要求，以保证施工的顺利进行和系统的正常运行。

①化学稳定性好。地埋管一旦埋入地下，通常就无法轻易进行维修或更换。选用的管材必须具备较强的化学稳定性，能够在地下环境中长期安全使用。首先，管材应具有优异的耐腐蚀性能，能够抵御地下水中的各种化学物质侵蚀，确保管道表面不受损害，保持稳定的结构和性能。其次，管材需要具备良好的耐压性能，能够承受地下土壤的压力，适应周围环境的变化，保持管道的完整性和稳定性。最后，管材还应具有良好的耐热性和抗老化性能，能够在地下长期承受一定温度和压力的作用，不易发生变形或破裂。综合考虑这些因素，选用合适的地埋管材料至关重要，如选用具有优异化学稳定性的高密度聚乙烯（HDPE）等，高密度聚乙烯管道能够满足长期在地下使用的要求，确保地源热泵系统的稳定运行和可靠性。

②耐腐蚀。地下管材处于与地下土壤和地下水直接接触的环境中，容易受到土壤或水中多种化学介质的侵蚀，进而发生电化学腐蚀。因此，地下管材必须具备卓越的耐腐蚀性能，以确保其长期稳定运行。首先，选用的管材应具有良好的化学稳定性，能够抵御地下水中的各种化学物质的侵蚀，如溶解的盐类、碳酸盐、硫化物等，防止管道腐蚀、磨损或

溶解。其次，管材的表面应进行特殊处理，形成一层坚固的防护层，提高其抗腐蚀能力。此外，选用耐腐蚀性能高的材料，如不锈钢、镀锌钢、玻璃钢等，能够有效延长管道的使用寿命，并减少维护成本。综合考虑地下环境的特点和管道材料的性能，选用适合的耐腐蚀管材对于地埋管系统的稳定运行至关重要。

③流动阻力小、热导率大。管材中的水通过机组及地埋管换热器不断循环，要求管材内表面不会产生结垢层，以防止长时间运行后管道堵塞，影响系统的正常运行。这对选用管材提出了更高的要求。首先，管材的内表面应具有光滑平整的特性，减少水流过程中的摩擦阻力，降低结垢的可能性。其次，管材应具备一定的抗垢性能，能够有效抵御水中的各种溶解物质，防止其在管道内部沉积，形成结垢层。最后，管道系统设计时应考虑水流速度、流量和水质等因素，合理选择管道尺寸和布局方式，以确保水流能够充分冲刷管道内表面，防止结垢现象的发生。综合以上因素，选用具有光滑内表面和抗垢性能的管材对于地埋管系统的稳定运行至关重要。

④管道连接处强度要高，密封性能要好。不会因施工、土壤移动或载荷的作用而出现裂缝、断开。

⑤较强的耐冲击性。管材应具有较强的耐冲击性，防止挤压造成管道破裂，导致系统无法运行，同时管材应具有一定的承压能力。

⑥管材必须易于施工且连接方便。

（2）选择管材。地埋管换热器对管材的特殊要求导致常规空调系统中采用的金属管材存在严重不足。金属管材在长期运行后容易出现腐蚀、结垢和泄漏等问题，无法满足地埋管系统对于耐腐蚀、内表面光滑的要求。此外，由于地埋管道数量较多，为了控制工程成本，应优先考虑采用价格较低的管材。因此，选用符合性能要求且价格适中的非金属管材是更为合适的选择。

3. 地埋管换热器结构与管网设计

（1）埋管方式。地埋管换热器的埋管方式有水平和竖直两种，选择合适的埋管方式需考虑多种因素。水平地埋管换热器适用于地表面积较大，浅层岩土体温度和热物性受气候、雨水等因素影响较小的情况，适用于地形平坦、无明显地质变化的区域。这种方式的优势在于施工相对简单，成本较低。水平埋管利用了地表温度较为稳定的特点，通过埋设在地表下一定深度的水平管道，实现与地下土壤的热交换，从而达到供热或制冷目的。竖直地埋管换热器适用于地表面积较小，浅层岩土体温度和热物性受气候、雨水等影响较大的情况。竖直埋管通常需深入地下数十米甚至上百米，利用地下较为稳定的温度来进行热交换。这种方式的优势在于其换热效率更高，因为地下温度变化相对较小，能够保证地埋管的稳定供热或制冷效果。选择合适的埋管方式还需考虑地下水位、土壤类型、地质构造等因素。水平地埋管受地下水位和土壤湿度的影响较小，但受地表温度变化的影响较大；而竖直地埋管则对地下水位和土壤湿度的变化较为敏感，但受地表温度变化的影响较小。如图 4–28、图 4–29 所示为常见的水平地埋管换热器形式，如图 4–30 所示为竖直地埋管换热器形式。

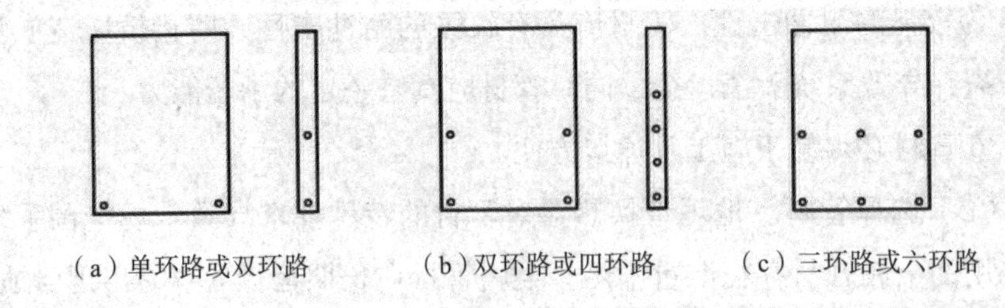

图 4–28　水平地埋管换热器形式（一）

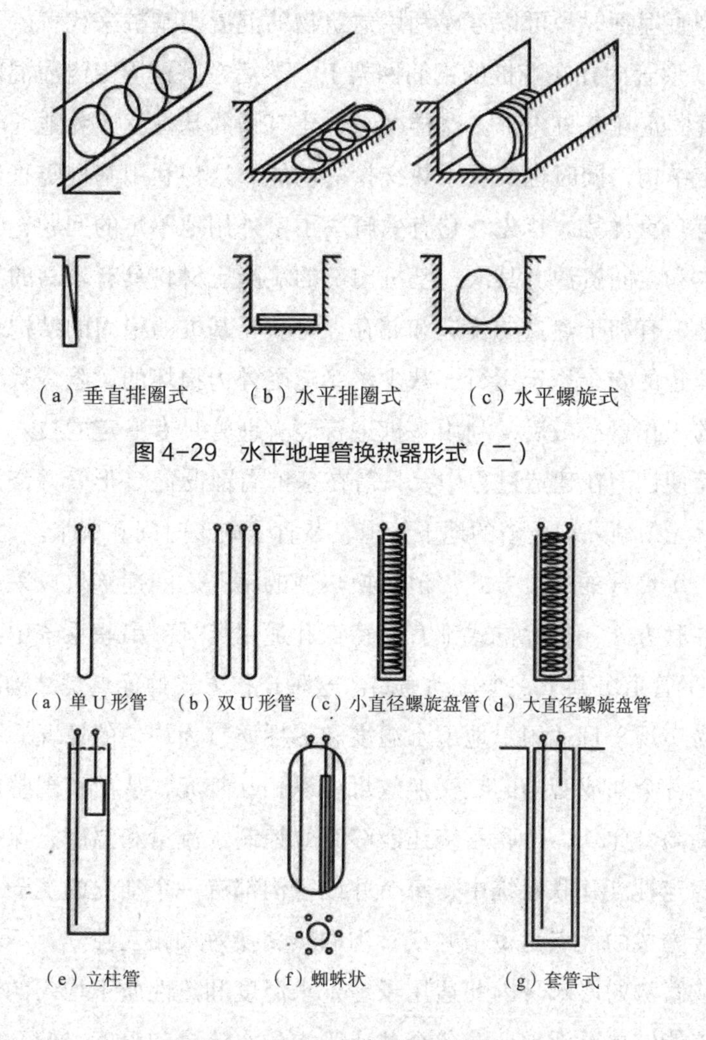

图 4-29　水平地埋管换热器形式（二）

图 4-30　竖直地埋管换热器形式

在缺乏合适室外场地的情况下，竖直地埋管换热器的另一种创新应用方式是利用建筑物的混凝土基桩进行埋设。这种方法不仅能够解决空间限制的问题，还能够充分利用建筑结构，实现地源热泵系统的高效供热和制冷。竖直地埋管换热器的基本原理是利用地下较为稳定的温度进行热交换，从而实现供热或制冷的目的。当无法在室外找到合适的空地用于竖直埋管时，可以考虑利用建筑物的混凝土基桩来代替。具体做法是将U形管捆扎在基桩的钢筋网架上，然后在基桩周围浇灌混凝土，使U形管固定在基桩内部。这样一来，建筑物的基桩就成为地埋管的支撑和固定结构，同时也实现了热交换的功能。这种利用基桩竖直埋管的方式具有多重优势。首先，它有效解决了室外用地不足的问题，节省了建设成本和空间资源。其次，基桩内部的混凝土材料具有较高的热容量和导热性，有利于热量的传递和储存。再次，基桩的稳固的结构也能够确保地埋管的安全稳定运行，减少了管道受外力损坏的风险，减少了后期运维的工作量。最后，利用基桩进行竖直埋管具有一定的技术可行性和操作简便性。在建造过程中，只需在基桩周围设置U形管并浇灌混凝土即可，无须额外埋设新的地下管道，节省了施工时间和成本。

（2）埋管的连接方式。地热换热器的钻孔之间连接可以采用串联方式或并联方式，每种方式都有其特点和适用场景。串联系统中，几个井（或水平管道）共享一个流动通路。这种连接方式的优点是结构简单，设计容易实现，且适用于地下水温度和热性质较为均匀的情况。在串联系统中，各个井或管沟的热交换效果可以相互补充，从而实现整体换热效率的提高。此外，串联系统还能够有效控制水流量和温度，保持系统运行的稳定性。并联系统中，每个井或管沟都有一个独立的流动通路。这种连接方式的优点是每个井或管沟的热交换效果相互独立，不会受到其他井或管沟的影响，因此适用于地下水温度和热性质不均匀的情况。并联系统能够更灵活地调节各个井或管沟的水流量和温度，使系统更能适应不同的工况需求。此外，并联系统还具有一定的备用性，当系统中某个井或管沟出现故障时，不会影响其他井或管沟的正常运行。在选择串联系统还是并联系统时，需要综合考虑地下水温度分布、地热换热器的布置条件、系统运行需求以及经济性等因素。一般来说，在地下水温度分布较为均匀、地热换热器的布置有较好的条件且系统运行需求相对简单的情况下，串联系统是一种较为合适的选择；而在地下水温度分布不

均匀、地热换热器的布置条件较为灵活且系统运行需求复杂的情况下，则可以考虑采用并联系统。如图 4-31 和图 4-32 所示分别为水平埋管和垂直埋管串联、并联方式。

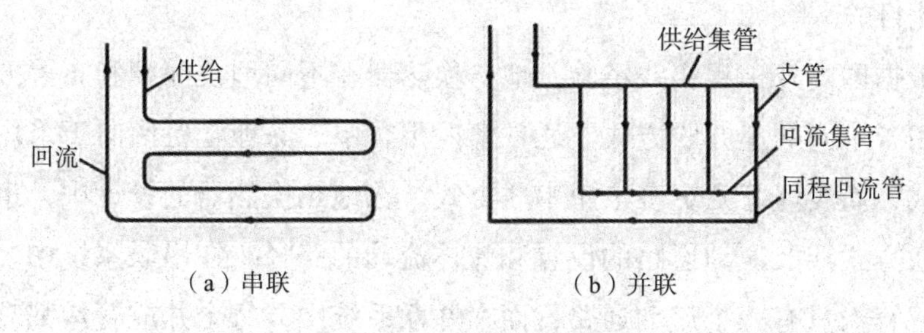

图 4-31　水平地埋管循环管路连接方式

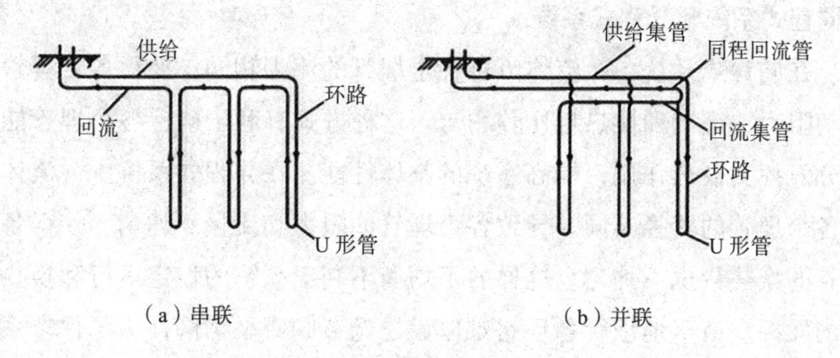

图 4-32　垂直地埋管循环管路连接方式

串联方式优点：一个回路具有单一流通通路，管内积存的空气容易排出；串联方式一般需采用较大直径的管子，因此对于单位长度埋管换热量来讲，串联方式换热性能略高。串联方式缺点：串联方式需采用管径较大的管子，因而成本较高；由于系统管径大，在冬季气温低的地区，系统内需充注更多防冻液（如乙醇水溶液）；安装劳动成本增大；管路不能太长，否则系统阻力损失太大。

并联方式优点：由于可用较小管径的管子，成本较串联方式低；所需防冻液少；安装劳动成本低。并联方式缺点：设计安装中必须特别注意确保管内流体流速较高，以充分排出空气；各并联管道的长度尽量一致（偏差应≤10%），以保证每个并联回路都有相同的流量；确保每个并联回路的进口与出口都有相同的压力，使用较大管径的管子做集箱，可达到此目的。

根据国内外工程实践经验，地热换热器在不同埋设深度和布置方式下采用了不同的串并联方式。通常情况下，中、深埋管更倾向于采用并联方式，而浅埋管则更多采用串联方式。在地热换热器的设计中，串联和并联方式涉及流动通路的设置和流体流动的路径。在串联系统中，几口井或管沟只有一个流动通路，而在并联系统中，每个井或管沟都有一个独立的流动通路。根据分配管和总管的布置方式，地热换热器可以分为同程式系统和异程式系统。

在同程式系统中，流体流过各个埋管的流程相同，使得各个埋管的流动阻力、流量和换热量比较均匀。这种方式有利于确保各个埋管能够充分发挥其换热作用，提高系统的整体性能。在异程式系统中，流体通过各个埋管的路径不同，导致各个埋管的阻力和流量不均匀，使得各个埋管的换热量也不均匀。这样的不均衡不利于系统的稳定运行和换热效果的发挥。由于地埋管各环路难以设置调节阀或平衡阀，为了保持系统环路间的水力平衡，实际工程中多采用同程式系统。这样能够保证各个环路的流动阻力和流量相对均匀，使得系统运行更加稳定可靠。在具体应用中，中、深埋管更适合采用并联方式，因为中、深埋管所处的地层较深，温度变化较小，采用并联方式能够提高系统的整体换热效率。浅埋管更适合采用串联方式，因为浅埋管通常受到地表温度变化的影响较大，采用串联方式能够更好地利用地下温度的稳定性。

地埋管换热器无论采用何种环路形式，其主要组成都如下：

①供给集管、回流集管。供给集管、回流集管在地埋管换热器系统中负责将水源热泵机组的全部流量输送到并联环路。其设计和布置直接影响着系统的运行效率和性能。为了确保管道当量长度的流体压降最小，

回流集管的设计至关重要。一种常见的做法是将大直径管子作为集管，这样可以有效减小管道的阻力，降低流体的流动阻力和压降。通过使用大直径管子，可以减少流体流动过程中的摩擦损失，降低能耗，提高系统的效率。回流集管还需要具备良好的耐压性能和稳定性，能够承受系统运行时的压力和温度变化。因为回流集管是整个系统中负责输送全部流量的主要管道之一，所以其材质和设计必须足够强固耐用，以确保系统的安全稳定运行。在地埋管换热器系统中，回流集管的布置也需要考虑到整个系统的结构和流体流动的路径。合理的布置可以最大限度地减少系统中的死角和死水区，提高换热效率，保证系统的正常运行。

②环路。管道从供给集管到一个孔洞或沟，转入相同孔洞或沟，再接到回流集管。

③同程回流管。为保证并联系统中每个环路有相同的压力降。它用于消除沿集管长度方向上压力损失的影响。

④ U 形弯头。它是地埋管换热器回路中使用的一种使流体在孔洞底部或地沟端部产生 180° 转向的连接管件。

（3）地埋管管径的选择。在工程中，管径的选择是确保管道系统正常运行的关键因素之一。正确选择管径可以保持管道的最小输送功率，同时确保管道内的流体保持紊流状态，提高循环液体和管道内壁之间的导热系数。在选择管径时，需要遵循几个重要原则：

①管道要大到足够保持泵最小输送功率，减少运行费用。

②管道要小到足够使管道内保持紊流，以保证循环液体和管内壁之间的传热。

③系统环路的长度不要过长。

在地埋管换热器系统的设计中，管径大小是一个关键的考虑因素，需要综合考虑流体的压力损失和换热性能。根据工程实践和相关原则，一般以保证流体流量最小且能保持紊流状态为原则，在可选的管系中选择合适的管子规格。在地埋管换热器系统中，地埋管的管径选择直接影响系统的性能和效率。目前，常用的地耦管直径主要为 PE100-SDR11-$32 和 PE100-SDR13.6-ф32。根据众多工程项目的施工经验，地耦管的最佳管径为 25 ～ 50 mm，而 PE100-SDR13.6-p32 规格的管材是最佳选择。这种规格的管道能够在保证流体质量的情况下，既能满足流量需求，又能保持流体的湍流状态，提高了系统的换热效率和性能。在地埋管换热系统中，特别是在换热量较小的工程中，为了提高换热效果，常常会选用薄壁管。根据孔深的不同，可以选择不同壁厚的聚乙烯管。例如，孔深在 60 m 以内时，可选用壁厚为 2.4 mm 的聚乙烯管；而孔深在 200 m 以内时，则可选用壁厚为 3.0 mm 的聚乙烯管。这样的设计不仅能够满足系统的压力要求，还能够降低管道的重量和成本，提高系统的经济性和可靠性。在地埋管换热系统中，集水管的管径应该适当大一些，以降低管道的压力损失。通常情况下，集路管多采用 PE100-SDR11 ～ 13.6 规格的管材。这样的设计可以保证系统的稳定运行，减少管道的阻力，提高系统的运行效率和性能。

（4）地埋管管长的计算。确定地下热交换器长度是地埋管换热器系统设计中的一个重要步骤，它涉及多个因素的综合考虑。除了已确定的系统布置方式和管材外，还需要考虑换热器的换热量、管道材质、土壤结构、埋管形式以及连接方法等因素。在实际工程中，传统的按传热原理计算的方式步骤繁多且数据难以获取，因此通常会利用管材的换热能力来计算管长。换热能力指的是单位管长的换热量，通常取值为 35 ～ 50 W/m。然而，不同地区、不同工况下，实际测量的双 U 管的换热能力可能会有所不同，范围通常为 50 ～ 130 W/m。单位孔深的换热量也会因受到地区环境的影响而有所不同。根据地区的地理特征和气候条件，单位孔深的换热量可以进行如下估算：在靠近河畔、海岸地区，取值约为 80 ～ 90 W/m；在岩土含水量大、水位高的平原地区，取值约为 70 ～ 80 W/m；在岩土含水量少、水位低的高原地区，取值约为 60 ～ 70 W/m；而在干燥的沙漠地区，取值可能会低于 60 W/m。在实际

工程中，计算地下热交换器的长度可以通过以下公式进行估算：

$$L = \frac{Q_{max} \times 1\,000}{35} \tag{4-26}$$

式中：L——竖井埋管总长（m）；

Q_{max}——夏季向埋管换热器排放的最大功率与冬季从埋管换热器吸收的最大功率中的较大值（kW）；

35——夏季每米管长散热量（W/m）。

通常情况下，人们会根据最大吸热量和最大放热量来确定管道的长度，选择两者中较大的值。如果最大吸热量与最大放热量相差较大，应当根据较小值确定管道的长度。这样的做法有助于避免系统出现过度设计，减少工程量，降低初投资成本。吸热量与放热量的不平衡可能会导致岩体温度的持续变化，因此需要采取一些辅助设备来解决这个问题，如增加辅助设备，如冷却塔或辅助热源。通过增加这些辅助设备，可以在系统中引入额外的冷热负荷，以消除吸热与放热不平衡所带来的影响。这样既可以减少工程量，降低初投资成本，又可以有效地解决岩土体温度持续变化的问题，确保地埋管换热器系统的稳定运行。在实际应用中，可以根据具体的工程需求和条件，综合考虑吸热与放热不平衡的情况，合理选择地下热交换器的长度，合理配置辅助设备。这样既能够保证系统的性能和效率，又能够降低工程成本，提高系统的经济性和可靠性。

（5）确定竖井数目及间距。确定地埋管换热器系统中钻孔数量是十分重要的，需要考虑多种因素的综合影响。这些因素包括建筑物周围可使用面积、建筑物对中央空调的使用要求、土地的土壤结构、PE 管的材质以及钻孔设备等。钻孔数量的确定应考虑建筑物周围的可使用面积。如果可使用面积足够大，通常会增加钻孔数量，以提高系统的换热效率。此外，钻孔的深度也应根据实际情况来确定，一般为 40 ～ 80 m。浅孔可以降低材料成本和钻孔费用，适用于单一运行状态的空调系统。浅层埋管土壤温度波动较大，需要额外考虑系统的稳定性。钻孔数量的确定还应考虑地源热泵系统的换热器埋管深度。通常情况下，尽量采用100～200 m深的孔埋管，因为这样有利于维持系统的稳定运行。这种做法能够使地埋管在不同运行状态下维持温度的平衡，提高系统的效率和性能。根据地埋管的长度、埋管的形式和钻孔深度，很容易确定钻孔的数量。在实际工程中，需要综合考虑各种因素，进行合理的设计和布局。通过科学计算和分析，可以有效地确定最优的钻孔数量，从而确保地埋管换热器系统的稳定运行和高效。

可按下式计算竖井数目：

$$N=\frac{L}{2H} \tag{4-27}$$

式中：N——竖井总数（个）；

L——竖井埋管总长（m）；

H——竖井深度（m）；

2——竖井内埋管管长约等于竖井深度的2倍。

在设计过程中，需要将这些数据与计算结果进行比较和分析，以确保系统设计的准确性和可靠性。首先，将勘测记录的每延米孔深的换热量与计算结果进行对比。如果计算结果偏大，说明当前设计的地下热交换器长度可能过长，导致换热量估算过高。在这种情况下，可以增加竖井深度来调整系统的换热量。竖井深度的增加会导致钻孔和安装成本的大幅增加，因此深度增加幅度应该控制在合理范围内。在增加竖井深度时，需要权衡各种因素。增加竖井深度可以提高地下热交换器与地热源的接触面积，从而提高换热效率。过深的竖井可能会增加钻孔和安装成本，并且可能会遇到地质条件复杂、施工难度大等问题。需要综合考虑系统性能、成本和施工可行性等因素，找到最佳的设计方案。

在确定地埋管换热器系统中换热孔的间距时，需要综合考虑多个因素，包括地下热交换器的性能、系统的换热效率以及施工的成本和可行性等方面。特别是需要结合勘测报告中的数据和竖井的设计参数，来确

定最适合的换热孔间距。通常情况下，地埋管换热器系统中 U 形管竖井的水平间距可以设定为 4.5 m。这个间距能够在保证换热效率的同时，尽可能地减少系统的施工成本。但是在一些实际工程中，人们也会遇到一些特殊情况，如使用不同规格的 U 形管，这时可能需要调整竖井的水平间距。以 DN25 和 DN20 的 U 形管为例，DN25 的 U 形管竖井水平间距一般设定为 6 m，而 DN20 的 U 形管则可以减少至 3 m。这是因为不同规格的 U 形管具有不同的换热能力和热传导性能，所以需要根据管材的特性来调整竖井的间距，以保证系统的换热效率。在确定换热孔的间距时，需要综合考虑以上三方面因素，并根据实际情况做出合理的决策。间距过大可能会降低系统的换热效率，而间距过小则会增加系统的施工成本。因此，需要找到一个平衡点，既能够保证系统的性能和效率，又能够降低施工成本，确保系统的稳定运行和长期可靠性。

（6）确定地埋管内的工作流体和流量。

①地埋管换热器系统中工作流体的选择是影响系统性能和运行效果的重要因素，而不同地区的选择又会因为地下土壤温度的差异而有所不同。在我国南方地区，由于地下土壤温度较高，冬季地埋管进水温度一般在 0 ℃以上，多采用水作为工作流体。水作为工作流体，具有导热性好、成本低廉、无毒无害等优点，这些优点使其成为首选工作流体。水能够更好地满足地埋管换热器系统的换热需求，并且在南方地区的气候条件下，不会出现结冰等问题。而在国内北方地区，由于地下土壤温度较低，冬季地埋管进水温度一般在 0 ℃以下，需要采用防冻液作为工作流体。防冻液的选择应具备使用安全、无毒无害、无腐蚀性、导热性好、成本低廉、使用寿命长等特点。目前应用较多的防冻液包括盐类溶液（如氯化钙和氯化钠水溶液）、乙二醇水溶液、酒精水溶液等。盐类溶液（如氯化钙和氯化钠水溶液）是常见的防冻液之一，具有良好的防冻性能，可以在较低温度下仍保持流体的流动性，但其具有一定的腐蚀性，需要注意材料的选择和防护措施。乙二醇水溶液具有优良的防冻性

能和稳定的化学性质，不易挥发，对管道系统的材料没有腐蚀性，使用安全可靠，是一种常用的防冻液。酒精水溶液具有较好的防冻性能，但相对于乙二醇水溶液来说，其防冻性能稍差一些，并且价格较高，使用时需要权衡考虑。

盐溶液作为一种防冻液，在地埋管换热器系统中具有诸多优点。首先，它具有安全性高、无毒、无污染的特点，不会对人体健康造成危害，也不会对环境造成污染，因此在使用过程中较为可靠。其次，盐溶液的导热性能优良，能够有效地传递热量，提高系统的换热效率。再次，盐溶液价格相对较低，成本较低，对于项目的初投资和长期运行成本都有一定的节约作用。最后，盐溶液具有较长的使用寿命，能够在系统中稳定运行较长时间，减少了频繁更换的需要，降低了维护成本。盐溶液也存在一些缺点需要注意。首先，当系统中存在空气时，盐溶液对大部分金属具有一定的腐蚀性，这可能会对系统的使用寿命和稳定性造成影响。因此，在选择管材、部件和系统设计时，需要考虑到这一点，并采取相应的防腐措施，如选用耐腐蚀的材料或者定期排除系统内的空气。其次，盐溶液可能会对系统中的密封件和其他部件产生影响，因此需要谨慎选择材料和设计。

乙二醇水溶液相对安全，无腐蚀性，具有较好的导热性能，价格适中，但使用寿命有限，并且有毒。

酒精水溶液具有无腐蚀性、导热性较好、价格适中、使用寿命长等优点，但其具有爆炸性和毒性。在使用酒精之前应用水将其稀释，以降低其爆炸的可能性。酒精水溶液由于无腐蚀性，作为防冻液很受欢迎。

②确定流量。工作流体的总体积流量：

$$G=\frac{Q_{\max}}{\rho c\Delta t} \tag{4-28}$$

式中：$Q_{\max}$——夏季向埋管换热器排放的最大功率与冬季从埋管换热器吸收的最大功率中的较大值（kW）；

ρ——循环液的密度（kg/m³）；

c——循环液的比热容（kJ/(kg·℃)）；

Δt——循环液热泵进出口温度差（℃）。

根据地埋管换热器系统中循环液的流量与热泵进出口温差、循环液的比热容和密度的关系，可以确定循环液的合理流量范围。当负荷确定时，循环液的流量会直接影响热泵的效率以及循环泵的功率。在一定范围内，循环液的流量与系统的效率和稳定性密切相关。当循环流量大于 3.2 L/(kW·min) 时，热泵的效率不会得到进一步提高，反而循环泵的功率会急剧增加，这可能会导致系统的能耗增加而效率降低。因此，循环液的流量应控制在一定范围内，一般为 2.7 ～ 3.2 L/(kW·min)。在这个范围内，系统可以保持较高的效率和稳定性，同时不会过度增加能耗。在制冷模式下，循环液的流量应采用上限值，即 3.2 L/(kW·min)，这是因为在制冷模式下系统需要更大的冷却能力，所以需要更多的循环液来实现有效的热交换；而在制热模式下，循环液的流量可以小于或等于制冷模式下的流量，因为在制热模式下系统需要的热量较少，可以通过降低循环液的流量来节约能耗。

（7）地埋管换热器系统水力计算。

①在地埋管换热器系统中，压力损失的计算是非常重要的，因为它直接影响到系统的流体运行情况和能效。然而，不同的传热介质具有不同的水力特性，因此在进行水力计算时必须考虑选用的具体介质的情况。目前国内已有的塑料管的摩阻数据通常是针对水而言的，而对于添加了防冻剂的水溶液，尚无相应的数据。因此，在水力计算过程中，可以采用 2001 年由徐伟等翻译的《地源热泵工程技术指南》（*Ground-Source Heat Pump Engineering Manual*）中介绍的方法进行计算。这种方法可能包括根据已有的水力特性数据进行近似计算，或者根据类似介质的性质进行推断。这种方法虽然可能不够准确，但是可以作为一种合理的近似手段来进行水力计算，以便于系统设计和工程实施。在实际应用中，还

可以通过实验或者模拟计算等方法来获取更精确的数据，以满足具体项目的需求。在进行水力计算时，需要综合考虑传热介质的特性、管道的布置、管道材料、流速等因素，并根据实际情况进行调整和优化，以确保系统的稳定运行和性能优化。

a. 计算地埋管断面面积 A 。

$$A=\frac{\pi d_j^2}{4} \tag{4-29}$$

式中：A——地埋管的断面面积（m^2）；

d_j——地埋管的内径（m）。

b. 计算管内流体流速 v 。

$$v=\frac{G}{3\,600A} \tag{4-30}$$

式中：v——管内流体的流速（m/s）。在相同管径、相同流速下，水的换热系统最大，其大小依次为水、$CaCl_2$ 水溶液、乙二醇水溶液，其具体比值与管径和流速有关，其大小比值约为 1 ：（0. 47 ～ 0.62）：（0. 41 ～ 0.56）。

G——工作流体的体积流量（m^3/h）；

c. 计算管内流体雷诺数 Re 。

$$Re=\frac{\rho v d_j}{\mu} \tag{4-31}$$

式中：Re——管内流体雷诺数；

μ——管内流体的动力黏度（Pa·S），可从相关的手册中查得。

计算出来的雷诺数 Re 应大于 2 300，以确保液体流动的状态是紊流状态。在相同管径、相同流速下，雷诺数大小依次为水、$CaCl_2$ 水溶液、乙二醇水溶液，其临界流速比为 1 ： 2.12 ： 2.45。为了保持管内的紊流流动，$CaCl_2$ 水溶液、乙二醇水溶液需采用比水大的流速和流量。

d. 计算管段沿程阻力 p_y。

$$p_d = 0.158\rho^{0.75}\mu^{0.25}d_j^{1.25}v^{1.75} \tag{4-32}$$

$$p_y = p_d L \tag{4-33}$$

式中：p_y——计算管段的沿程阻力（Pa）。

p_d——计算管段单位长度的沿程阻力（Pa/m）；

p_j——计算管段的长度（m）。

由于地埋管换热器内传热介质的流动一般均在紊流或紊流光滑（过渡）区内，即 $2\,300< Re < 10^5$。在此范围内，在相同管径、相同流速下，$CaCl_2$ 水溶液、乙二醇水溶液管路沿程阻力分别为水的 1.44 倍和 1.28 倍。

e. 计算管段的局部阻力 p_j。

$$p_j = p_d L_j \tag{4-34}$$

式中：p_j——计算管段的局部阻力（Pa）；

L_j——计算管段管件的当量长度（m）。

f. 计算管段的总阻力 p_z。

$$p_z = p_d + p_j \tag{4-35}$$

式中：p_z——计算管段的总阻力（Pa）。

一般来说，地埋管换热器的环路压力损失宜控制在 30 ～ 50 kPa/100 m，最大不超过 50 kPa/100 m。在工程系统中，选择压力损失最大的热泵机组所在环路作为最不利环路进行阻力计算。

②选择循环水泵时，需要综合考虑多方面因素，以确保系统的高效稳定运行。首先，要满足系统在最高运行工况下的流量和扬程需求。这意味着需要考虑地埋管的压力损失以及其他设备组件可能带来的额外压力损失，如热泵机组、平衡阀和管件等。只有当水泵能够提供足够的流量和扬程时，系统才能正常运行。在选择水泵时，必须确保水泵的工作处于高效率范围内。这意味着水泵在运行时能够最高效地提供所需的流

量和扬程，从而降低能源消耗和运行成本。因此，在选择水泵时，需要根据系统的工作条件和要求，选择合适的水泵型号和规格。为了确保系统的稳定运行和安全性，水泵的流量和扬程应该有一定的富余量，通常建议在实际需求的基础上增加 10% ～ 20% 的额外流量和扬程。这样可以应对系统可能出现的突发情况，如设备故障或管道堵塞等，确保系统的稳定运行。当系统的流量较大时，可以考虑采用多台水泵并联运行的方式。然而，并联水泵的数量不宜过多，一般建议不超过 3 台，并且尽可能选择同型号的水泵。这样可以确保各个水泵的性能和运行状态相对均衡，避免因水泵性能不匹配而导致系统运行不稳定的问题。对于供暖和空调系统中的循环水泵，建议配备一台备用水泵。备用水泵可以在主泵发生故障或维护时立即投入使用，确保系统的连续运行和供暖或空调功能不受影响。在选择水泵时，还需要考虑系统静压对水泵本体的影响。水泵壳体和填料的承压能力以及轴向推力对密封环和轴封的影响也是需要重点考虑的因素。因此，在选用水泵时，必须注明系统所承受的静压值，并且在必要时由制造厂家进行特殊处理，以确保水泵能够正常运行并具有较长的使用寿命。

水泵型式的选择与水管系统的特点、安装条件、运行调节要求和经济性等有关。选择水泵所依据的流量 G 和压头 p 按下式计算：

水泵扬程为

$$p = (1.1 \sim 1.2) H_{max} \tag{4-36}$$

式中：H_{max}——管网最不利环路总阻力计算值（kPa）；

1.1 ～ 1.2——放大系数；

水泵设计最大流量为

$$G_{max} = (1.1 \sim 1.2) L_{max} \tag{4-37}$$

式中：G_{max}——设计最大流量（m^3/h）；

1.1 ～ 1.2——放大系数，水泵单台工作时取 1.1，多台并联工作时取 1.2。

4.2　绿色建筑中地源热泵系统的施工管理

4.2.1　空调系统的安装

1. 水管道的安装

（1）用材的检验。在进行水管道安装之前，必须进行严格的材料检验，以确保所使用的材料符合设计要求和相关标准，从而保证管道系统的质量和可靠性。需要检查供安装的材料，包括管材、管件、法兰和焊条等。这些材料是水管道系统的基础构件，其质量直接影响到整个系统的稳定性和安全性。在进行检验时，应按照设计要求或相关规范的要求进行外观检查，并验证相关文件，如合格证、检验单、产品说明等。这样可以确保所使用的材料符合质量标准，具有良好的性能和品质。对于法兰部件，应特别注意其质量和加工工艺。法兰是连接管道的重要部件，其质量直接关系到管道的密封性能和安全运行。因此，法兰应符合现行颁布的标准要求，采用的材料应符合设计要求，保证其强度和耐腐蚀性能。此外，法兰的密封面应平整光滑，不得有毛刺、凹凸面，以确保法兰之间的密封性能。在安装时，法兰应自然嵌合，不得有错位或变形现象，以保证连接的稳固性和密封性。同时，法兰间采用垫片进行密封，垫片的尺寸应与法兰封面相符，不准采用双层片，以确保密封效果和连接的可靠性。除了以上提到的材料检验和法兰连接的注意事项外，还需要注意焊接工艺和质量控制。在进行焊接时，应严格按照焊接工艺规范进行操作，确保焊缝的质量和密封性能。焊条的选择和使用也需要符合相关要求，以确保焊接接头的牢固性。

（2）管道安装。水系统的管道安装，目的是按施工图的要求，在指定的位置将管道、管道附件以及水泵、机组、水箱等设备串联起来，形成循环系统。管道安装包括施工测量、管架安装、管路敷设、防腐和保温。

①施工测量。施工测量在管道工程中具有至关重要的作用，其目的在于确保管道系统的设计标高、尺寸和位置与实际情况相符，以及确认管道与设备、仪表安装是否存在矛盾等。通过施工测量，可以及时发现和解决问题，确保管道系统的正常运行和使用安全。在进行施工测量时，需要采用多种方法来确保测量的准确性和可靠性。首先是测量长度，一般采用钢卷尺来测量管道的长度。对于管道转角处，应测量到转角的中心点，可以在管道转角处两边的中心线上各拉一根钢丝，钢丝交叉点作为转角的中心点。其次是测量标高，通常使用水准仪或U形管水平仪测量。对于那些在图纸上无法确定的标高、尺寸和角度，需要在实地进行测量。测量角度时，可以使用经纬仪或简便的测量方法，在管道转角处两边的中心线上各拉一根钢丝，然后使用量角器或活动角尺测量两线的夹角。在进行测量时，首先根据图纸的要求确定主干管各转角的位置，其次测量水平管段的标高和长度，根据管段的长度和坡度要求确定另一端的标高，用拉线法确定管道中心线的位置，最后确定各分支管和管道附件的位置，并测量各管段的长度和弯头角度。连接设备的管道应在设备就位后进行测量。如在设备就位前测量，应在连接设备处留一个闭合管段，在设备就位后再次测量，作为下料的依据。根据测量结果，绘制详细的管道安装图，标注管道的中心线长度，弯头的弯曲角度和弯曲半径，各管件、阀件、流量孔板间的距离，压力表、温度计连接点的位置以及管道的规格、材质和管道附件的型号和规格等信息。

②管架安装。水管路一般都是很长的。在水管路的安装过程中，由于管道承受管道本身的重量以及管内水的重量，会产生一定的弯曲。为了避免管道弯曲超过其材料的承载极限，一般会将管道依据一定的长度（跨度）进行分段，然后分别安装在管架上。管道的长跨度会增加管道受力，容易导致弯曲，甚至出现变形和损坏。为了避免这种情况的发生，

常常将管道分成若干段，并采用管架进行支撑。通过合理设置管道的支撑点，可以有效分散管道的重量和所受的力，减少管道的弯曲程度，保证管道的稳定性和安全性。分段安装管道还有一个重要的作用是便于维护和检修。将管道分成若干段后，可以根据需要对每一段管道进行单独的维护和检修，而不会影响其他段管道的正常运行。这样可以提高管道系统的维护效率，减少维护工作对系统运行的影响，保证系统的稳定运行。在管道的分段安装过程中，需要考虑管道的材料特性、结构特性及管道所承受的压力和重量等因素。根据实际情况，合理确定每一段管道的长度和安装位置，选择合适的管架类型和安装方式，确保管道能够稳固地固定在管架上，并且受力均衡，避免管道出现过大的弯曲和变形。

a. 管架间距的确定。在确定管架间距时，应考虑管件、介质及保温材料的重量对管道造成的应力和变形，不得超过允许范围。一般在设计时已经算出管架间距，施工时可按设计规定采用。如设计没有规定，支吊架的间距 L 可按下式进行计算：

$$L_{max}=\sqrt{\frac{12W_{max}}{q}}=\sqrt{\frac{12W[\sigma]_W}{100q}} \tag{4-38}$$

式中：q——1 m 长管道的重量，包括管子自重、保温层和管内介质的重量（N/m）；

W——管道的截面系数（mm^3）；

$[\sigma]_W$——管材的许用弯曲应力（MPa）。

在计算钢管的允许弯曲应力时，通常采用的是允许值的 1/4，即 30 MPa。这个数值是经过研究和实践验证得出的，在保证管道正常使用的前提下，能够承受一定的弯曲应力。当一个支架下沉时，邻近的两个支架间的管子的弯曲应力会增加到原先的 4 倍。这种情况下，管道承受的压力和受力情况会发生明显的变化。由于支架下沉，管道受力不均匀，邻近两个支架之间的管道段会承受更大的弯曲应力，甚至超过了允许值的 4 倍。这种情况下，如果管道本身的强度和稳定性不足，就会发生弯曲、变形甚至断裂的情况，严重影响管道系统的正常运行和使用安全。在设计和安装管道系统时，需要充分考虑支架的布置和强度，以及管道本身的材料和结构特性。合理设置支架的间距，合理布置支架，确保支架的稳固性和承载能力，以减轻管道受的力，避免因支架下沉导致的管道弯曲和变形问题。在计算管道的弯曲应力时，也需要考虑管道的工作环境和使用条件，如温度、压力、流体介质等因素。根据实际情况，采取合适的措施，以加强对管道的支撑和固定，保证系统的稳定运行和使用安全。

b. 管架形式及安装操作。水管路直径较大，在地面上敷设时常要求架空一定高度，主要采用钢结构独立支撑支架，其结构如图 4-33 所示，在裙楼顶部安装水管路时，通常不需要将管道架设得很高，因此支撑管道的支架可以采用混凝土结构或小高度钢结构的独立支撑式支架。这种支架设计简单，施工方便，因此在实际工程中应用较为普遍。在安装钢结构独立式支撑架之前，首先需要按照管道的跨度在地面上进行基础的施工。这包括挖掘基础坑、浇筑混凝土基础以及安装地脚螺栓等工作。地脚螺栓的安装需要严格按照设计要求进行，确保其位置准确、牢固可靠。待基础达到足够的强度后，就可以将支架放置在基础上，并将地脚螺栓拧紧。在放置支架的过程中，需要确保支架的水平和稳固，以及支架与地脚螺栓之间的连接紧固，以确保支架的稳定性和承载能力。钢结构独立式支撑架具有一定的优势，如结构简单、施工方便、承载能力强等特点。同时，由于其独立支撑的设计，可以灵活适应不同的管道布置和使用需求，具有较强的适用性和通用性。在实际应用中，钢结构独立式支撑架可以根据具体情况进行定制和调整，以满足不同工程项目的要求。通过合理的设计和施工，可以确保支架系统的稳定性和可靠性，从而保证水管路在裙楼顶部的安全运行和使用。

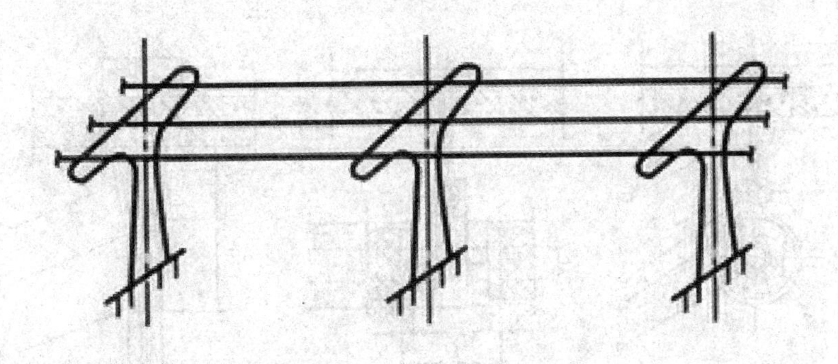

图 4-33　钢结构独立支架

机房中水管除采用钢结构独立支架外，也可以采用埋入式支架。在土建施工中，埋入式支架是一种常见的管道支架安装方式。它通常在一次性埋入或预留孔洞，施工时将支架埋入一定深度，然后进行二次灌浆固定。这种安装方式能够确保支架的稳固性和可靠性，适用于各种管道规格和使用环境。埋入式支架的安装步骤比较简单，先在土建工程施工时，预先进行孔洞的开挖或预留。然后在管道安装阶段，将支架埋入预留的孔洞位置，通常埋入深度不少于 120 mm。接下来，适当使用灌浆材料将支架与孔洞固定好，确保支架牢固地固定在墙体或地面上，能够承受管道的重量和压力。对于小管的支撑，也可以采用膨胀螺栓安装的支架和吊架。膨胀螺栓安装支架的步骤相对简单，首先在墙上按照支架螺孔的位置钻孔，然后将套管套在螺栓上，带上螺母，一起放入孔内，用扳手拧紧螺母。在拧紧的过程中，螺栓的锥形尾部会胀开，使支架牢固地固定在墙体上。这种安装方式具有简便、快捷的特点，适用于各种管道规格和使用场景。同时，螺栓的胀开设计能够确保支架的稳固性和可靠性，不易松动或脱落。因此，膨胀螺栓安装支架是一种常见且有效的小管支撑方式。吊架的安装方法如图 4-34 所示。

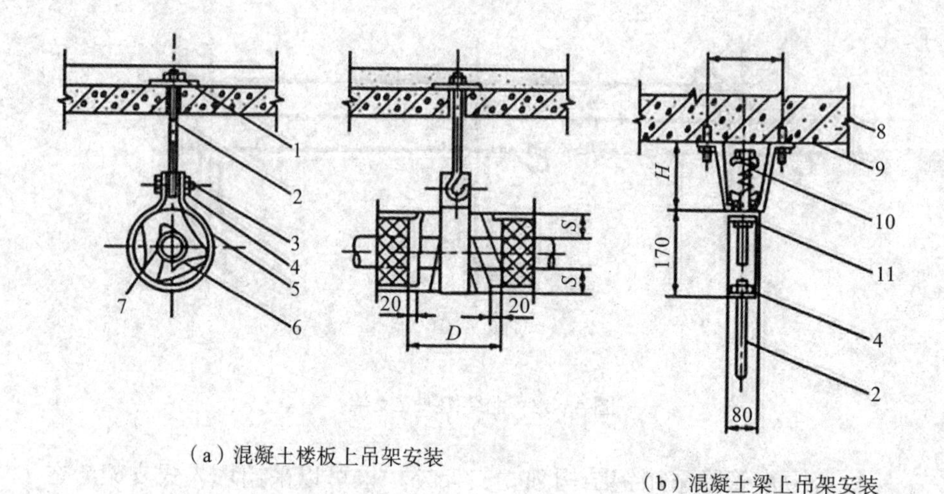

（a）混凝土楼板上吊架安装

（b）混凝土梁上吊架安装

（c）减振吊架安装

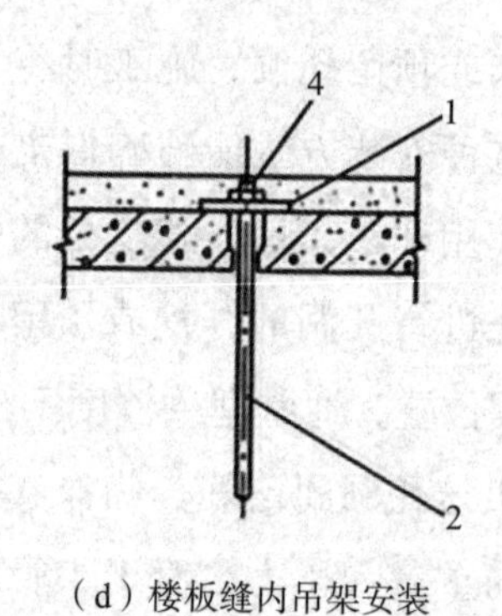

（d）楼板缝内吊架安装

1—钢垫板；2—吊筋；3—螺栓；4—螺母；5—扁钢吊环；6—木垫板；7—钢管；8—钢筋混凝土梁；9，12—膨胀螺栓；10—防震吊钩；11，13—扁钢环。

图 4-34　吊架的安装方法

c. 管道敷设。管道敷设前需对管段和管道附件进行必要的检查和清扫，尤其是管内浮锈及脏物，一定要清理干净。同时准备好安装用的脚手架、起吊用的手拉葫芦、绳索及一般装配用的钳工工具及量具等。

由于管道长度较长，往往无法一次性地将所有管段及其附件从头至

尾地连接成一体，再进行吊装。在实际的管道敷设过程中，常采用的方法是将管道分成适当的组件，在地面上进行组合，然后将各组件置于支吊架上，最后再进行组件间以及组件与设备之间的连接。这种分段组装的方式在管道工程中被广泛采用，其主要优点在于灵活性和便捷性。通过将管道分成适当的组件，可以简化安装过程，减少对吊装设备和人工操作的依赖。管道组件的分段组装也有利于在地面上进行质量控制和检查，确保每个组件的质量和尺寸符合要求。采用分段组装的方式可以减少现场施工时间和风险。相比于一次性地进行整体吊装，分段组装可以将整个施工过程分解成多个相对独立的步骤，每一步都可以有针对性地进行安排和控制，减少施工过程中的不确定因素，提高施工效率和安全性。在进行组件与组件间以及组件与设备之间的连接时，需要特别注意连接方式和技术要求。在连接时，要根据设计要求和管道布置图，选择合适的连接件和方法进行连接，确保连接的牢固性和密封性。同时，在进行连接之前，还需要对连接部位进行清洁和涂抹防腐涂料等，以保证连接部位的质量和可靠性。

（3）膨胀水箱的安装。由于空调水系统中极少采用回水池的开式循环系统，膨胀水箱已成为空调水系统中的主要部件之一，其作用是收容和补偿系统中的水量。膨胀水箱一般设置在系统的最高点处，通常接在循环水泵的吸水口附近的回水干管上，其结构如图 4-35 所示。

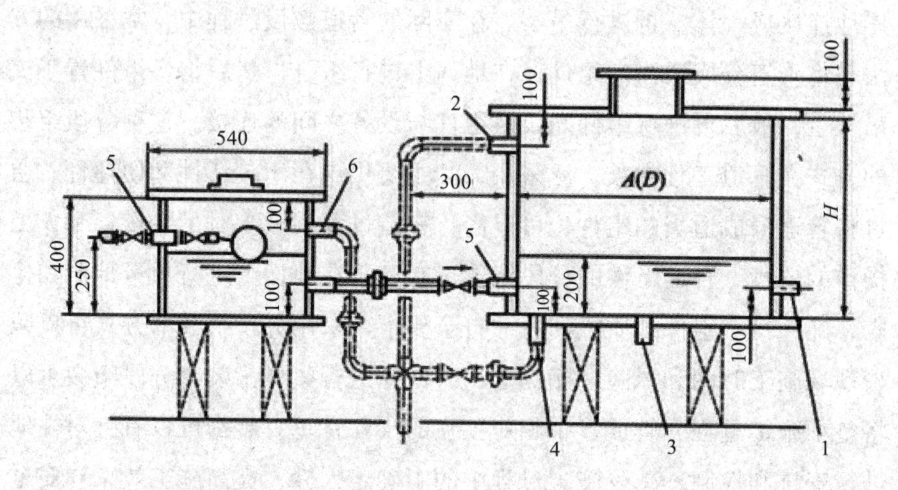

1—循环管；2，6—溢水管；3—膨胀管；4—排污管；5—给水管。

图 4-35　带补水箱的膨胀水箱

（4）分水器或集水器的安装。在空调系统中，为利于各空调分区流量的分配和调节灵活的方便，常在冷 / 热水系统的供、回水干管上分别设置分水器（供水）和集水器（回水），再分别连接各空调分区的供水管和回水管。

分水器或集水器实际上是一段大管径的管子，在其上按设计要求焊接若干不同管径的管接头，其构造如图 4-36 所示。分水器或集水器一般选用标准的无缝钢管（公称直径为 DN200 ～ 500）。

分水器或集水器一般安装在钢支架上。支架形式是由安装位置所决定的，包括落地式和挂墙悬臂式两种，如图 4-37、图 4-38 所示。

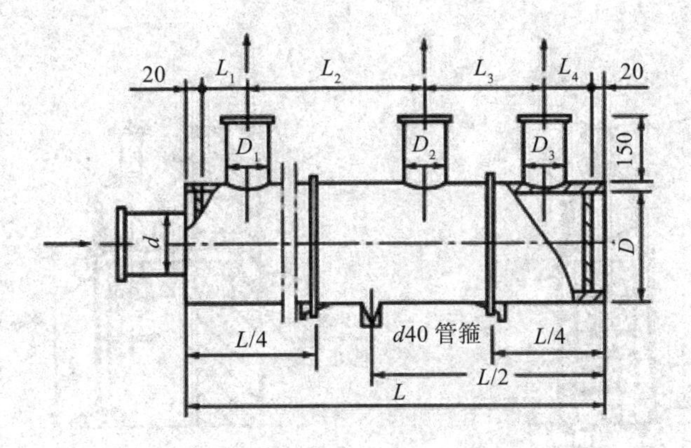

图 4-36　分水器和集水器的构造

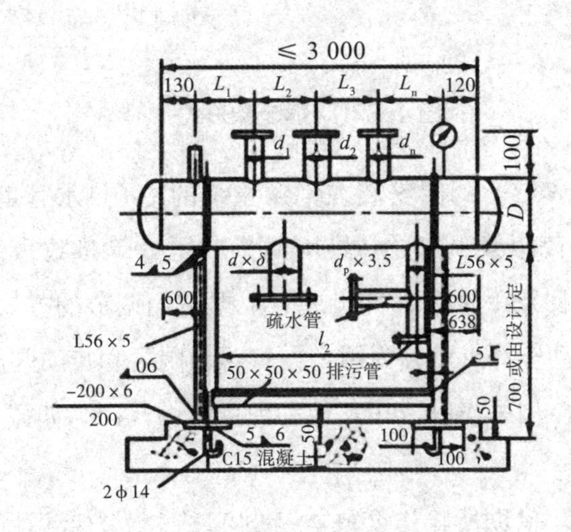

图 4-37　分（集）水器安装图

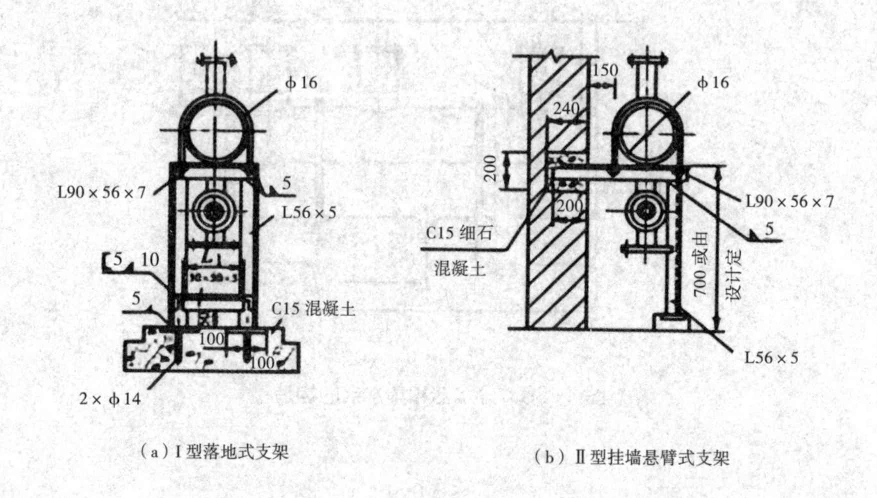

（a）I 型落地式支架　　（b）Ⅱ型挂墙悬臂式支架

图 4-38　不同支架形式

（5）阀门的安装。阀门安装在空调系统的冷 / 热水管道系统中，主要用来开启、关闭以及调节冷 / 热水流量和压力等参数，一般由阀体、阀瓣、阀盖、阀杆及手轮等部件组成。根据它们调节的方式不同又分为许多类型，按其动作特点可分为两大类：驱动阀门和自动阀门。

①驱动阀门。用手操纵或用其他动力操纵的阀门，如截止阀、闸阀、蝶阀、球阀等。

②自动阀门。借助所输送介质本身的流量、压力或温度参数发生的变化而自行动作的阀门。自动阀门有止回阀、安全阀及浮球阀等。

另外，阀门按照承压能力可分为以下几种：低压阀门≤ 1.6 MPa，中压阀门 2.5 ～ 6.4 MPa，高压阀门 10 ～ 80 MPa，超高压阀门 >100 MPa。一般的空调系统所采用的阀门多为低压阀门，中压、高压和超高压阀门通常应用于各种工业管道，如石油化工行业、大型火力发电厂等。

阀门连接应该使阀门和两侧管道在同一个中心线上。这样可以确保阀门的顺畅运行，同时有利于管道系统的稳定性和密封性。尤其是水平

管道上安装的阀门，其阀杆和手轮应该垂直向上或倾斜一定的角度，而闸阀不宜倒着安装，即手轮向下。这样可以确保操作人员能够轻松地控制阀门，并且减少因操作不当而发生意外。对于并排平行水平管道上的阀门，应该采取错开布置的方式，并且在同一高度上。这样可以有效地减少管道系统的占地面积，并且使操作更加便捷。此外，在同一平面上的阀门之间允许存在一定的偏差，但是偏差的范围应该控制在 3 mm 以内，阀门的手轮间距也不应小于 100 mm。这样可以确保阀门的操作和维护更加方便快捷。在安装截止阀、止回阀等特定类型的阀门时，还需要特别注意流向，切勿反装。安装方向错误可能会导致阀门无法正常工作，甚至造成管道系统的损坏。在安装前务必仔细检查阀门的流向，并确保安装方向正确。所有阀门的安装都应该考虑易操作和易检修的原则，并且严禁直接埋地下。这样可以确保操作和维护人员能够轻松地接触到阀门，并且在需要时能够进行快速地维护和修理。另外，安装在封闭处的阀门，也应该留有检修孔口，以便于维护人员进行必要的检查和维修工作。

2. 风管道的安装

在空调工程中，传统的风管材料主要是薄钢板，无论是镀锌的还是非镀锌的。然而，薄钢板存在一些明显的缺点，其中最主要的缺点是易于锈蚀，特别是在潮湿地区，钢板的锈蚀问题尤为严重。这严重影响了风管的使用年限，并且容易导致共振和噪声较大等问题。面对这些问题，近年来越来越多的地区开始将无机玻璃钢作为通风管道和部件的材料。无机玻璃钢作为一种新型的风管材料，具有诸多优点，是空调工程中备受青睐的材料之一。首先，无机玻璃钢具有优异的抗腐蚀性能，不会受到潮湿环境的影响而发生锈蚀，大大延长了风管的使用寿命。其次，无机玻璃钢具有良好的阻燃性能，不易燃烧，有效地提高了风管系统的安全性。再次，无机玻璃钢具有一定的吸音性能，可以降低风管系统的噪声水平，提升室内舒适度。最后，也是最重要的一点，相较于传统的薄钢板，无机玻璃钢的价格相对较低，使其成为一种经济实用的选择。无机玻璃钢的广泛应用为空调工程带来了许多好处。首先，无机玻璃钢抗腐蚀性能优越，可以有效地降低维护成本和更换频率，减少了管道系统的维护工作量。其次，无机玻璃钢不易燃烧的特性提高了整个空调系统的安全性，降低了发生火灾的风险。另外，无机玻璃钢的吸音性能可以改善室内环境的舒适度，提高了空调系统的使用体验。最重要的是，由于无机玻璃钢的价格相对较低，可以降低整个空调工程的成本，提高工程的经济性和可持续性。

（1）风管安装要求。

①安装必须牢固，位置、标高和走向应符合设计要求，部件方向正确、操作方便。防火阀的检查孔必须设在便于操作的部位。

②支架、吊架、托架的形式、规格、位置、间距及固定必须符合设计要求；每节风管应有一个及一个以上的支架。

③风管法兰的连接应严密，螺栓紧固，螺栓露出长度一致，同一管段的法兰螺母应在同一侧。法兰间的填料（密封胶条或石棉绳）均不应外露在法兰以外。

④当玻璃钢风管法兰与相连的部件使用法兰连接时，法兰高度应一致，法兰两侧必须加镀锌垫圈。

⑤风管安装水平度的允许偏差为 3 mm/m，全长上的总偏差允许为 20 mm；垂直风管安装的垂直度允许偏差为 2 mm/m，全高上的总偏差允许为 20 mm。

（2）风管、吊架的形式和安装前的准备工作。

①支架、吊架的形式。根据保温层设置状况，风管的支架、吊架分成不保温的和保温的两大类。下面介绍应用较为广泛的矩形保温风管支架、吊架。

②支架、吊架安装前的准备工作。安装前，应进一步核实风管及排风口等部件的标高是否与设计图纸相符，并检查土建预留的孔洞、预埋

件的位置是否符合要求。将预制加工的支架、吊架、风管及管件运至施工现场。

（3）风管安装。当施工现场已具备安装条件时，应将预制加工的风管、部件，按照安装的顺序和不同系统运至施工现场，再将风管和部件按照编号组对，复核无误后即可连接和安装。

①风管连接的长度应该根据风管的壁厚、法兰与风管的连接方法、安装的结构部位以及吊装方法等因素来确定。为了安装方便，连接长度一般可控制在 10 ～ 12 m。这样既可以减少连接的数量，又可以降低安装难度，提高施工效率。在进行风管连接时，不能将可拆卸的接口装设在墙或楼板内。这样可以确保在需要维护或更换风管时，能够方便地进行操作，而不会对建筑结构造成损坏或影响美观。对于使用法兰连接的空调系统风管，其法兰垫料厚度一般为 3 ～ 5 mm。垫料不能挤入风管内，否则会增大流动阻力，减少风管的有效面积，并且可能形成涡流，增加风管内积尘的可能性。连接法兰的螺母应该在同一侧，以确保连接的牢固性和稳定性。在没有规定的情况下，可以选用橡胶板或闭孔海绵橡胶板等材料作为法兰垫料。为了确保连接的质量和密封性，法兰垫料应尽量减少接头，并且接头必须采用梯形或榫形连接。在连接时，应该涂抹胶黏剂，确保连接的牢固性。法兰均匀压紧后的垫料宽度应与风管内壁齐平，这样可以确保连接处的密封性和稳定性。

②风管安装。在进行风管安装之前，对已安装好的支架、吊架、托架进行进一步检查是至关重要的。这个环节的目的在于确保支架、吊架、托架的位置正确，连接牢固可靠，从而为风管的安装奠定坚实的基础。通过仔细检查，可以及时发现并解决潜在的问题，确保风管安装过程的顺利进行。需要检查支架、吊架、托架的位置是否正确。支架、吊架、托架的位置对于风管的安装至关重要，它们的布置应符合施工方案的要求，确保风管的稳定性和安全性。在检查过程中，需要注意支架、吊架、托架的安装位置是否与设计图纸一致，是否符合规范要求，是否存在偏

差或错位等问题；需要检查支架、吊架、托架的连接是否牢固可靠。支架、吊架、托架的连接部位的安装是风管安装的关键，其牢固性直接影响着整个系统的稳定性和安全性。在检查过程中，需要仔细观察支架、吊架、托架连接处是否存在松动、变形或者损坏等情况，是否需要进行重新固定或者加固处理。在进行风管的吊装过程中，需要根据施工方案确定的吊装方法，按照先干管后支管的安装程序进行吊装。

③柔性短管安装。柔性短管安装后应与风管在同一中心，不能扭曲，松紧应比安装前短 10 mm，不得过松或过紧。风机吸入口的柔性短管可装得紧一些，防止风机启动时柔性软管被吸入，截面尺寸减小。不能将柔性短管当作找平、找正的连接管或异径管用。

安装系统风管跨越建筑物沉降缝、伸缩缝时的柔性短管时，其长度视沉降缝的宽度适当加长。

（4）风阀和风口的安装。

①对于送风、回风系统，应选择调节性能好、漏风量少的阀门。这样可以确保风量的精确调节，使系统能够满足不同的送风和回风需求。常见的选择包括多叶调节阀和带拉杆的三通调节阀。这些阀门具有优秀的调节性能，能够实现精确的风量控制，从而提高系统的运行效率和舒适性。在安装风管上的调节阀时，应尽量减少数量。因为增加调节阀会增加系统的噪声和阻力，影响系统的性能和效率。因此，在设计和安装风管系统时，应合理规划调节阀的数量和位置，以兼顾舒适性和能效。带拉杆的三通调节阀适用于有送风、回风的支管上，而不适用于大回风管上。这是因为大回风管上的调节阀板承受的压力较大，运行中的阀门难以进行精确调节，容易出现变位或者损坏。在选择调节阀时，需要根据实际情况合理选型，确保系统的稳定性和可靠性。除了选择合适的阀门类型外，还需要注意阀门的安装位置和布置。在安装风阀时，应确保其位置合理，便于操作和维护，并且不会影响系统的正常运行。同时，还需要注意阀门的密封性能和耐用性，选择高品质的阀门和密封件，以

确保系统的密封性和稳定性。

在安装各种风阀之前，对其结构和调节装置进行全面检查是确保系统正常运行的重要步骤。首先，需要确认风阀的结构是否牢固，调节装置是否正常运转。这个检查可以通过仔细观察和手动操作来完成，确保各个部件没有松动、磨损或者损坏等情况，以保证风阀的稳定性和可靠性。在安装手动操纵构件时，需要将其放置在便于操作的位置。这样可以方便操作人员进行调节和控制，提高系统的灵活性和可操作性。对于安装在高处的阀门，操作装置应该设置在离地面或者平台 1 ～ 1.5 m 处，以方便操作和维护，并确保操作人员的安全。在安装除尘系统斜插板阀时，应该选择不积尘的部位进行安装。这样可以避免阀门因积尘而堵塞或者损坏，确保系统的正常运行。此外，水平安装时，斜插板应顺气流安装，垂直安装时需要注意阀门的方向，确保不会装反。如果阀体上未标明气流流动的箭头方向，应该等到系统安装完毕、试运行前再进行安装。对于有电信号要求的防火阀，需要与控制线路相连接。这样可以实现远程控制和监控，及时发现并处理异常情况，提高系统的安全性和可靠性。在连接电信号时，需要确保连接正确可靠，防止因连接不良而发生故障。

在远距离操作这些阀门时，需要严格遵守设计要求和相关规范，以确保系统的可靠性和有效性。远距离操作位置的设置应符合设计要求。这意味着远距离操作位置应该经过合理的规划和布置，使得操作人员能够在火灾发生时迅速、准确地操纵防火阀和排烟阀。通常情况下，远距离操作位置会设置在安全通道或者指定的区域，以确保操作的及时性和安全性。远距离操作钢绳套管的选择也至关重要。根据设计要求，宜使用 DN20 钢管作为套管材料。这种钢管具有良好的耐压性能和耐腐蚀性能，可以确保远距离操作系统的稳定运行。此外，套管转弯处的设置也需要符合规范要求，不得多于两处，并且转弯的弯曲半径不小于 300 mm，以确保钢绳的顺畅运行，防止损坏。各类控制线路的布置和安装也必须正确进行。这包括控制线路的布置和连接，以及防火阀和排烟阀的安装位置和固定方式。在布置控制线路时，需要确保线路连接正确可靠，避免系统因线路故障而失效。同时，在安装防火阀和排烟阀时，需要根据设计要求进行，确保阀门的正常运行和可靠性。

②风口安装。在建筑空调系统中，各类送风口、回风口通常安装在墙面或顶棚上。这些风口的安装需要与土建装饰工程配合进行，以确保横平、竖直、整齐、美观的效果。对于安装在顶棚上的风口，其安装要求更为严格。它们应与顶棚平齐，并且需要与顶棚单独固定，而不是固定在垂直风管上。顶棚的孔洞不得大于风口的外缘尺寸，以确保安装的稳固性和密封性。对于风口的外露表面部分，需要与室内线条平行，严禁使用螺栓固定。这样可以保持室内空间的整洁和美观，提升建筑的装饰效果。对于具有调节和转动装置的风口，安装后应确保其转动灵活。此外，同类型的风口应对称布置，同方向的风口调节装置应置于同一侧，以便操作和控制。这样可以使系统的调节更加方便和精确。FHFK 系列防火风口作为一种新型的空调风口，具有独特的功能和优势。它在百叶风口的基础上设置了超薄型防火调节阀，不仅可以实现送风和回风的功能，还可以无级调节风量。当建筑发生火灾时，它能够提前隔断火源，防止火势蔓延，起到了重要的防火作用。在安装 FHFK 系列防火风口时，需要同时满足风口和防火阀的安装要求。这意味着需要严格按照相关规范和设计要求进行安装，确保风口的正常运行和防火功能的有效性。

（5）消声器安装。在空调系统中，为了降低送风和回风管道产生的噪声，常常会设置消声器或消声静压箱。这些装置的作用是确保各个区域的噪声水平均符合要求，提供一个安静、舒适的室内环境。同时，在安装风阀时，也需要注意其操作方式和调节范围，以确保系统的正常运行和性能稳定性。

通过减少风道中的气流速度和消除气流的涡流，这些装置能够有效地降低风道产生的噪声，提高室内空间的舒适度。在安装消声器之前，需要确保其干净，无油污和浮尘，以免影响其吸声效果。安装位置和方

向也需要正确选择，与风管的连接必须严密，以防止漏风和产生噪声。对于现场安装的复合式消声器，需要严格按照设计要求进行安装。这意味着消声组件的排列、方向和位置都应符合设计规范，以确保其吸声效果和性能稳定性。消声器和消声器弯管组件的固定也必须牢固可靠，以防止其在运行过程中产生松动或者振动，影响系统的正常运行。风阀的安装和调节也是确保空调系统正常运行的重要环节。关闭风阀的手轮或扳手应沿顺时针方向转动，其调节范围和开启角度指示应与叶片的开启角度一致。这样可以确保风阀的操作和调节符合设计要求，提高系统的可靠性和性能稳定性。

3. 空调机器和设备的安装

（1）热泵机组的安装。

①安装前的检查。在热泵机组的安装过程中，基础的质量直接影响到设备的稳定性和运行效率。基础不仅需要承受设备本身的重量，还必须能够有效地承载由压缩机运转产生的动载荷，并有效吸收和隔离由此产生的振动。此外，基础还需具备足够的强度和刚度，以防止因动力作用而产生的共振，同时要有抵抗润滑油腐蚀的能力。在进行热泵机组安装之前，基础的准备和检查工作是必不可少的。施工质量需要经过严格的检查，以确保没有任何问题，如下沉或偏斜等，这些都可能影响机组的性能和安全。基础在向安装单位移交前，必须由土建单位和安装单位共同进行彻底的检查。检查基础时，需要详细审核多个关键参数，包括基础的外形尺寸是否符合设计规格，基础平面的水平度是否达到要求，以及中心线和标高是否准确。此外，地脚螺栓孔的深度和间距也需要符合设计要求，确保地脚螺栓能够正确而牢固地安装。基础上的埋设件，如钢筋、预埋钢板等，必须符合设计标准，并且正确放置。

对基础四周及地脚螺栓孔的清理工作也同样重要。所有模板、积水和杂物都需要彻底清理干净，确保没有任何杂质影响基础的质量和后续的安装工作。对于计划进行二次灌浆的基础，需要在原有基础表面上凿出麻面，以增强二次灌浆与原基础之间的结合力，确保灌浆后的基础更加坚固可靠。通过这些细致的前期准备和检查，可以大大减少后期可能出现的问题，确保热泵机组安装的质量和安全。这不仅有助于设备的长期稳定运行，也为整个建筑的能效和舒适度提供了保障。

基础经检查如发现标高、预埋地脚螺栓、地脚螺栓孔及平面水平度等不符合要求时，必须采取必要的措施，处理合格后再进行验收。

②设备搬运与开箱检查。在运输过程中，应防止热泵机组发生损伤。运达现场后，机组应存放在库房中。如无库房，必须露天存放时，应适当垫高机组，防止浸水。同时，必须加以遮盖，以防止雨水淋坏机组。

机组在吊装时，必须严格按照厂方提供的机组吊装图进行。

在进行机组安装之前，必须认真考虑搬运和吊装的路线，这是确保设备能够安全顺利进入机房的关键步骤之一。为确保机组可以顺利进入机房，需要对机房进行评估，确定合适的搬运口。如果机组的体积较小，可以直接通过门框进入机房；如果机组体积较大，则可能需要在设备搬入后进行一些补砌工作，确保设备能够完整进入机房而不损坏门框或墙壁。在机房建造过程中，如果考虑到设备安装的需要，可以在预留的位置设置适当的搬运口，这样可以大大简化后续的搬运工作，并减少对机房结构的影响。但有时候机房已经建好，整机进入机房存在一定困难或者可能会损坏机房结构，可以考虑采取分体搬运的方式。分体搬运是一种常见的解决方案，特别适用于机组体积较大的情况。一般来说，分体搬运是将机组的主要组成部分，如冷凝器和蒸发器等，分开搬入机房，然后在机房内进行组装。这种方法可以有效地降低整体搬运的难度，减少对机房结构的影响，同时有利于保护设备，使设备不被损坏。在进行分体搬运时，需要确保每个组件能够顺利进入机房，并且有足够的空间进行组装和安装。同时，还需要注意搬运过程中的安全问题，确保搬运人员和设备都能够安全到达目的地。此外，在进行组装和安装时，需要按照设备的安装说明进行操作，确保设备能够正常运行，并且符合相关规定。

开箱之前将箱上的灰尘和泥土扫除干净。查看箱体外形有无损伤，核实箱号。开箱时要注意勿碰伤机件。开箱时一般从顶板开始，在顶板开启后，看清是否属于准备起出的机件及机组的摆放位置，然后再拆其他箱板。如拆顶板有困难时，则可选择适当处拆除几块箱板，观察清楚后，再进行开箱。

根据随机出厂的装箱清单清点机组、出厂附件以及所附的技术资料，做好记录。查看机组型号是否与合同订货机组型号相符，检查机组及出厂附件是否损坏、锈蚀。如机组经检查后不立刻安装，必须将机组加上遮盖物，防止灰尘及产生锈蚀。设备在开箱后必须注意保管，放置平整。法兰及各种接口必须封盖、包扎，防止雨水、灰、沙侵入。

③机组的安装。热泵机组是一种精密而较复杂的机器，是由许多运动的和固定的零部件装配而成的，所以安装要求比较严格。若安装质量不高，就会使零部件过早磨损或损坏，缩短机器的使用寿命，或使机器的工作效率下降，不能达到应有的效率，影响制冷效果。基础检验合格后，机组就可就位。

机组的就位方法有多种，可根据施工现场的条件，任选其中一种。利用机房内的桥式起重机将机组吊装就位是一种常见的操作方法。在进行吊装时，需要确保钢丝绳拴在机组适合受力的部位，同时在钢丝绳与机组表面接触的部位垫上木垫板，以免损坏机组表面。另外，在悬吊过程中，机组应保持水平状态，确保安全和稳定。利用铲车将机组送至基础台位上也是一种简便的操作方法。在操作过程中，需要注意铲车的承载能力，确保能够稳定地将机组送至指定位置，避免碰撞和损坏设备。另一种常见的方法是利用人字架就位，先将机组连同箱底排放到基础之上，然后使用链式起重机吊起机组，抽去箱底排，机组即可就位。在吊装和就位过程中，需要确保机组保持水平状态，以避免倾斜或损坏。还可以采用滑移方法就位，利用滚杠使机组连续滑动到基础之上。在这个过程中，需要协调好基础、底座和机组的位置关系，确保滑移过程平稳和安全。无论采用哪种方法，都需要注意操作过程中的安全问题。在吊装、移动和安装过程中，要确保操作人员和机组的安全，避免发生意外。同时，需要根据具体情况选择合适的工具和方法，并严格按照操作规程进行操作，确保机组能够安全、准确地就位。

找正是将机组移动到规定的位置后，使其纵横中心线与基础上的中心线对正的过程。这一步骤的方法相对简单，可利用一般量具和线锤进行测量，确保机组的位置正确。如果机组摆放不正，可以轻轻使用撬杠进行调整，直到满足要求为止。除了保证中心线对正外，还需要检查机组上各部件的方位是否符合设计要求，特别是管座等部件的位置。找正之后要进行找平，即初步将机组的水平度调整到接近要求的程度。为了进行找平工作，需要做好准备工作，包括准备地脚螺栓和垫铁，并确定垫铁的放置位置。地脚螺栓和垫铁是安装过程中常见的金属件，用于调整机组的水平度和固定机组位置。地脚螺栓有长型和短型两种，根据设备的工作负荷和冲击力大小选择合适的类型。短型地脚螺栓适用于工作负荷较小的制冷设备，其长度一般为 100 ～ 1 000 mm，结构多样，能够满足不同的安装需求，如图 4-39 所示。在实际操作中，首先确定好地脚螺栓和垫铁的位置，然后将机组放置在基础上，并进行初步调整，使机组接近水平状态。其次，将地脚螺栓固定在基础上，再通过调整垫铁的位置和数量，进一步调整机组的水平度，直到满足要求为止。在整个过程中，需要注意撬动时用力均匀，保持机组的平整，避免产生倾斜等现象，确保操作人员和设备的安全。

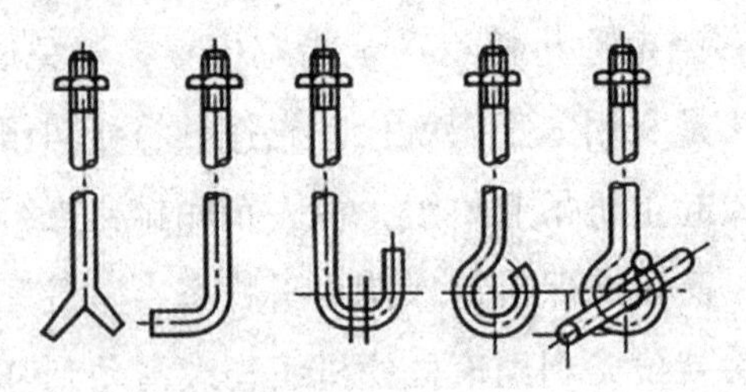

图 4-39　短型地脚螺栓

根据机组底座外形和底座上的螺栓孔位置，确定垫铁的放置位置。垫铁可以是平垫铁，也可以是斜垫铁，其摆放形式需要根据具体情况进行选择。在进行初步调平之前，需要确保垫铁组的中心线垂直于设备底座的边缘。对于平垫铁，其外露长度一般为 10 ～ 30 mm，而斜垫铁的外露长度则为 10 ～ 50 mm。在摆放垫铁时，应尽量减少垫铁的数量，每组垫铁一般不宜超过 3 块，并且尽量避免使用过薄的垫铁。此外，在摆放垫铁时，应注意将最厚的垫铁放置在最下面，最薄的放置在中间，以保证摆放的稳定性和平衡性。垫铁的摆放应该整齐平稳，确保与设备底座的接触良好。这样可以有效地分散设备重量，减轻对地基的压力，提高机组的稳定性和安全性。在摆放垫铁时，还需要注意选择合适的垫铁材质和尺寸，以确保其能够承受设备的重量，并且具有良好的耐久性和稳定性。

（2）水泵的安装。大多数水泵都安装在混凝土基础上，小型管道泵直接安装在管道上，不做基础，其安装的方法和安装法兰阀门一样，只要将水泵的两个法兰与管道上的法兰相连即可。

（3）通风机的安装。在空调系统的通风工程中大量使用的是离心式通风机，它的安装质量直接影响系统的运行效果。离心通风机主要由集流器（进风口）、叶轮、机壳、出风口和传动部件组成。

①开箱检查。

a. 根据设备装箱清单，核对叶轮、机壳和其他部件的主要尺寸，以及进风口、出风口的位置是否与设计相符。

b. 叶轮旋转方向是否符合设备技术文件的规定。

c. 进风口、出风口应有盖板严密遮盖。检查各切削加工面、机壳的防锈情况和转子是否发生变形或是否有锈蚀、碰损等。

②质量要求。

a. 在安装通风机之前，必须先核对通风机的机号、型号、传动方式、叶轮旋转方向、出风口位置等。

b. 通风机外壳和叶轮不得有凹陷、锈蚀和一切影响运行效率的缺陷。如有轻度损伤和锈蚀，需进行修复后才能安装。

c. 检查通风机叶轮是否平衡，可用手推动叶轮。如果每次转动中止时，不停止在原位，则可认为符合质量要求。

d. 机轴必须保持水平。通风机与电动机之间的联轴器连接对轴线的位置和偏差有着严格的要求，这些要求旨在确保机组的正常运行和性能稳定。如果两者通过联轴器连接，两轴中心线必须处于同一直线上，这是为了避免轴线错位导致不必要的振动和损耗。轴向位移允许偏差为0.2%，这意味着联轴器在安装时需要确保轴线在轴向上的对齐精度较高。而径向位移允许偏差为0.05 mm，则要求联轴器的径向对中精度达到较高水平，以确保两轴之间的距离和位置关系的稳定性。如果通风机与电动机通过皮带传动连接，机轴的中心线间距和皮带的规格也需要符合设计要求。在皮带传动中，两轴中心线应平行，并且各轴与其皮带轮中心线应重合为一条直线。这是为了确保皮带传动的平稳性和传动效率。皮带轮轮宽中心平面位移的允许偏差不应大于1 mm，这是因为轮宽中心平面的偏移会影响皮带的张紧和传动效果，进而影响整个传动系统的正常运行。通过对机轴中心线间距、皮带轮规格以及皮带轮轮宽中心平面位移的要求，可以清晰地了解皮带传动连接的设计要求和标准。合理设计和安装皮带传动连接是确保通风机与电动机正常运行的关键步骤，能够有效地提高传动效率、延长设备使用寿命，并减少故障发生的可能性。

e. 通风机的进、出口的接管：通风机的出口应顺着叶片的转向接出弯管。在实际工程中，为防止进口处出现涡流区，造成压力损失，可在弯管内增设导流片，以改善涡流区。

③离心通风机的安装。

第一，离心通风机的拆卸、清洗和装配要求。

a. 对于电动机非直联的风机，应将机壳和轴承箱卸下来清洗。

b. 轴承的冷却水管路应畅通，并应对整个系统试压，如设备技术文件无规定时，其试验压力一般不应低于 0.4 MPa。

c. 清洗和检查调节机构，使其转动灵活。

第二，整体机组应直接放置在基础上，用成对斜垫铁找平。吊装的绳索不得捆绑在转子和机壳或轴承盖的吊环上。

第三，如果底座安装在减振装置上，安装减振器时，除地面应平整外，还要注意各组减振器所承受的荷载压缩量应均匀，不得偏心；安装后应采取保护措施，防止损坏。通风机吊装的方式如图 4-40 所示。

在将通风机直接安装在基础上时，基础的各个部位尺寸必须符合设计要求，这是确保设备安装牢固、稳定的前提。在进行预留孔灌浆之前，必须彻底清除杂物，以确保孔洞内部的清洁和光滑，从而保证灌浆效果。在将通风机放置在基础上时，通常会使用成对的斜垫铁来进行找平，这是为了确保通风机的水平度和稳定性。斜垫铁的使用可以有效地调整通风机的水平位置，以便进行后续的安装工作。用碎石混凝土对预留孔进行灌浆，确保通风机与基础之间的连接牢固可靠。灌孔所用的混凝土标号通常应比基础的混凝土标号高一级，这是为了增强基础的承载能力和稳定性。灌注混凝土后，需要对其进行充分的捣固密实，以确保混凝土的质量和均匀性，从而提高基础的承载能力和抗震性能。地脚螺栓在安装过程中必须垂直，不能歪斜，以确保通风机与基础之间的连接牢固可靠。通风机的地脚螺栓应配备垫圈和防松螺母，以增强连接的稳定性和安全性。垫圈可以有效分散连接压力，防止地脚螺栓对基础造成损坏，而防松螺母则可以有效地防止地脚螺栓在设备运行过程中因振动而松动。

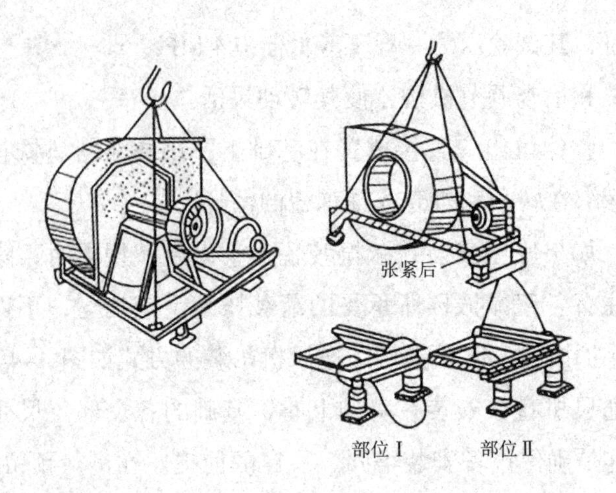

图 4-40　通风机吊装的方式

（4）风机盘管的安装。

①风机盘管安装原则。

a. 安装明装立式机组时，要求通电侧稍高于通水侧，以利于凝结水的排出。

b. 安装卧式机组时，应使机组的冷凝水管保持一定的坡度（一般坡度为 5°），以利于凝结水的排出。

c. 机组进出水管的保温层能够有效地防止水管表面因温差而产生凝结水，从而保证水管的正常运行和使用效果。进出水管的水管螺纹应具有一定的锥度，并在螺纹连接处采取密封措施。一般选择聚四氟乙烯生料带进行密封，以确保连接处的密封性和稳定性。同时，在进出水管与外管路连接时，必须确保对准，并最好采取挠性接管或铜管连接，以减少连接处的应力和压力，避免因连接不当而出现漏水问题。在连接过程中，要注意避免用力过猛，特别是在处理薄壁管的铜焊件时，以免造成管道弯曲扭转，产生漏水隐患。

d. 机组凝结水盘排水软管不得压扁或折弯，以保证凝结水排出畅通。

e. 在安装时应保护好换热器翅片和弯头，不得碰漏。

f. 安装卧式机组时，应合理选择吊杆和膨胀螺栓。

g. 安装卧式明装机组进水管、出水管时，可在地面上先将进、出水管接出机外，吊装后与管道相连接；也可在吊装后，将面板和凝结水盘取下，再进行连接，然后将水管保温，防止产生冷凝水。

h. 安装立式明装机组进水管、出水管时，可先将机组的风口面板拆下，再进行安装，然后将水管进行保温，防止有冷凝水产生。

i. 机组回水管备有手动放气阀，运行前需将放气阀打开，待盘管及管路内的空气排净后再关闭放气阀。

j. 机组的壳体上备接地螺栓，安装风机盘管时与保护接地系统连接。

②风机盘管的安装。风机盘管常用固定架固定在墙面和楼板上。对于安装吊顶式风机盘管，一般用四根中间可调节长度的吊杆，将固定架和楼板连接起来。吊杆与楼板的连接方式如图 4-41 所示。

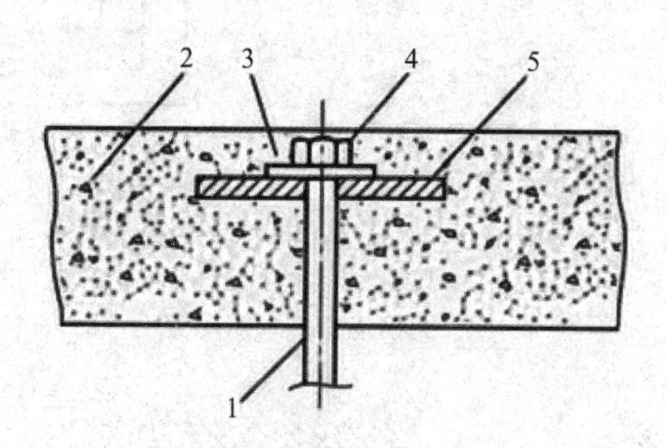

1—吊杆；2—楼板；3—垫圈；4—螺母；5—钢板。

图 4-41　吊杆与楼板的连接方式

在机组壳体上备有接地螺栓，安装时需要与保护接地系统连接，这是为了确保机组的安全性和稳定性。而在连接进出水管时，为避免损坏盘管管端，通常会先用管钳夹紧进出水管，以确保连接的稳固性和安全性。安装完成后，进出水管还需要加上保温层，以防止夏季使用时产生凝结水，从而保护水管和机组的正常运行。风机盘管的水管配管如图 4-42 所示，机组在设计时已经设计了冷凝水管的坡度，安装时要求机组

水平，同时冷凝水管的坡度不得小于1/100，以便于顺利排水，防止水滞留在管道内，导致堵塞或积水现象的发生。对于安装机组，安装后若建筑装修仍在进行中，必须对机组进行保护，以防止垃圾或施工材料侵入，影响机组的正常运行和使用寿命。吊装式风机盘管在吊顶内的风管接法，如图4-43所示，需要确保风管的连接牢固、可靠，以免风管因连接不当而脱落或漏风。吊装式风机盘管在安装过程中，也需要保持机组水平，并确保冷凝水管的坡度符合要求，以确保水的顺利排放和系统的正常运行。

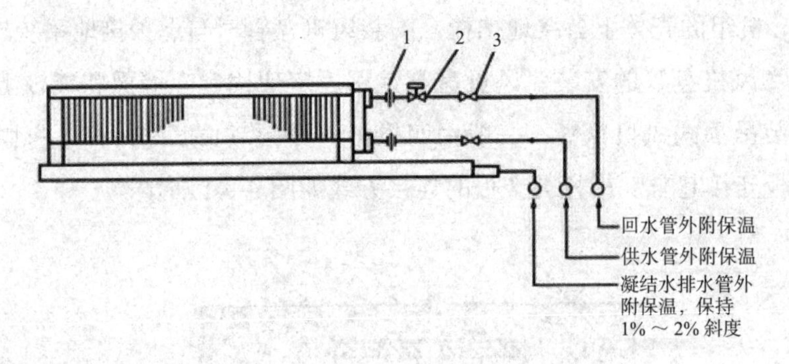

1—活接头；2—电动二通阀；3—闸阀。

图4-42　风机盘管的水管配管

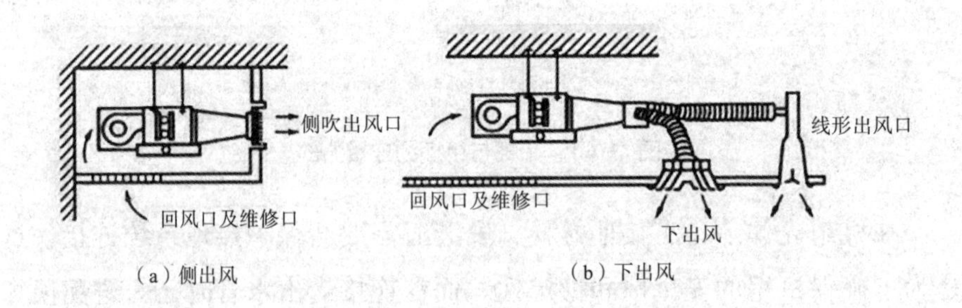

图4-43　吊装式风机盘管在吊顶内的风管接法

4.2.2　地埋管换热器的施工

1. 施工前的准备

（1）现场的调查与分析。在决定采用地源热泵系统地热交换器之前，应收集有关资料并对工程施工现场实际情况进行准确掌握，这就是现场勘测。

①仔细阅读计划建设的建筑物设计文件，掌握建设的规划、规模、建筑物的用途，并在施工期间了解所有当地规章制度、政策性条例、地区性法规，以减少施工干扰。

②确定建筑物业主拥有的地表使用面积大小和地形，建筑物所在的方位、结构、路边附属设备、地下公用设施、市政管道位置以及地下废弃的设施，以避免因潜在因素造成不必要的损失，影响施工。

③查阅有关水文资料，包括地质结构及岩土的质量和深度等，对现场进行调研分析，对采用地源热泵系统的适应性做出评估。

（2）地质勘测。选用地源热泵系统后的第一件工作就是对现场地质的勘测，包括松散土层的厚度、密度、砂型、含水量、岩床的深度、岩床的结构。

①尽管大部分地区适合安装地源热泵，但有时现场可能会出现一些特殊情况，需要增大钻孔设备容量，增加钻进难度，从而增加了成孔成本。因此，在工程开始前进行现场情况的勘测尤为关键。勘测可以帮助人们避免施工中可能遇到的潜在复杂问题，并为工程的顺利进行提供必要的支持和指导。对于建筑面积小于 3 000 m² 的建筑，建议至少使用一个测试井。这样的设计能够提供足够的数据来评估地下温度梯度和地热资源的分布情况，为后续的工程设计和施工提供基础数据。而对于大型建筑物，则至少需要使用两个测试井，以更全面地了解地下热量的分布情况，从而确保地源热泵系统的高效运行。针对地耦管水平式热交换器，挖掘一个深度为 3 ～ 5 m 的深坑就能够实现，这样可以对靠近地表处的

土质状况进行观察，特别是是否存在巨石等障碍物。这种简易的方法可以帮助人们了解土质情况，为后续施工提供参考。而对于垂直式热交换器，则需要进行钻勘探孔，并按照有关规定格式做好记录。这些勘探孔的深度和位置需要根据具体的地下地质情况和热泵系统设计要求来确定。通过钻勘探孔获取的地质信息能够为设计者提供更准确、可靠的数据，从而帮助设计者选择最合适的钻孔挖掘设备和钻井钻具，并为地源热泵系统的设计和施工提供支持。

②地下岩土的热物性参数是地源热泵土壤换热器设计的重要依据。尽管通常会根据现场地质资料和经验进行设计计算，但由于地下地质结构的复杂性和影响土壤热导率的多种因素，计算结果与实际情况可能存在一定的偏差，甚至相差很大。因此，进行现场勘测显得非常必要。为了为设计者提供更准确可靠的设计依据，应在现场按照预计的深度进行钻孔，并完成一个独立的单孔换热器。然后，使用专用岩土热物性测量仪进行仔细测量，记录换热器环路中水的流量、进出水的温度、运行时间等相关数据，以及每延米孔深或每延米管长的换热量（单位为 W/m）。这种实地测量的方法能够帮助设计者更准确地了解地下岩土的热物性参数，包括热导率、导热系数等，从而确保设计的可靠性和准确性。通过实测数据，设计者可以更精准地计算地耦管的长度，并避免土壤换热器出现负荷不足或规模过大的问题。在进行现场勘测时，需要注意选择合适的钻孔深度和位置，确保通过钻孔取样能够充分了解地下岩土的热性质。同时，使用专业的岩土热物性测量仪器进行测量，保证数据的准确性和可靠性。测量完成后，及时记录和整理数据，并结合其他相关信息，如地下水位、土层厚度等，综合分析得出最终的热物性参数，为地源热泵系统的设计提供可靠依据。

2. 施工设备

（1）钻孔与挖掘机械。竖直钻孔机械在安装竖直埋管时发挥着关键作用。钻机是完成钻孔施工的主要设备，能够带动钻具和钻头向地下深

部钻进，并通过钻机上的升降机来完成起、下钻具和套管，更换钻头等工作。泵的主要功能是向钻孔内输送冲洗液，以清洗孔底、冷却钻头和润滑钻具。目前，主要采用机械方法进行钻孔，包括冲击钻进、回旋钻进和冲击回旋钻进三种主要方式。

通常情况下，地埋管的钻井主要针对第一类、第二类松软岩石，如次生土、壤土、黄土、黏土等第四纪地层及泥炭、硅藻土等。这些松软岩石的特点是容易破碎、研磨性小，钻进效率较高，但也伴随着一些问题。由于这类岩石容易破碎，钻进过程中会产生大量岩粉，并且岩粉颗粒较大，有时孔壁容易发生坍塌。此外，这些岩石大多是塑性较强的岩层，具有一定的黏性，容易导致钻进过程中发生糊钻、憋水、缩径等现象，给施工带来一定困难。在进行钻孔施工时，需要解决憋水、糊钻等关键问题，同时保持孔内清洁并保护孔壁。为此，应选用适合的钻进方式，如高转速、大泵量、较小钻压的钻进方式，以确保施工的顺利进行。如果遇到泥岩、泥质岩等较难钻进的地层，还可以选择小切削具钻头，并采用钻压大、泵量大、转速快的方式，以提高钻进效率和质量。

地埋管换热器的钻孔孔径一般为 150 ～ 180 mm，孔距约为 46 m，而孔深则为 40 ～ 400 m，通常在松软、松散、软硬不均的第四纪地层中进行。这种地质条件包括黏土、粉砂、粗砂、砂砾、卵石等以及风化基岩，其复杂性和多变性使得钻孔方法多样化。为了适应这样的复杂地层，常采用机械回旋式钻机进行钻孔作业。这种钻机能够以正循环方式进行冲洗钻进，不仅能够高效率地完成钻孔，还具备安装地埋管和孔的回填功能，提高了施工的效率和便利性。

（2）焊接与回填设备。地埋管换热器使用的管材和连接技术直接影响着系统的运行效果和使用寿命。通常情况下，地埋管换热器采用的管材主要包括聚乙烯管（PE）和聚丁烯管（PB）。这些管道系统的连接技术，特别是焊接方式，至关重要，分为热熔连接和电熔连接两种。对于聚乙烯管道系统，其连接方式主要有两种：热熔连接和电熔连接。热熔连接需要使用热熔焊机，而电熔连接则需要使用电熔焊机。这两种连接方式都有各自的优势和适用场景。焊接原理简单而有效，下面以聚乙烯管为例进行介绍。聚乙烯在一定温度范围内可以被熔化，若使管材两端熔化的部分充分接触，并保持适当的压力，当其冷却后便可牢固地融为一体。由于是聚乙烯材料之间的本体熔接，接头处的强度与管材本身的强度相同，确保了连接的牢固和可靠性。对于地埋管系统而言，连接技术的选择至关重要。良好的连接技术不仅可以确保系统的运行效果，还能够提升系统的使用寿命。热熔连接和电熔连接在不同情况下各有优劣，需要根据具体的工程需求和管道特性进行选择。

3. 地埋管管道的连接

管道系统施工连接技术的优劣，直接关系到地埋管管网系统的运行效果和使用寿命。有必要了解和掌握地埋管管道连接的各种形式，以充分发挥管道系统的先进性、经济性和安全性。同时，为了使连接接头坚固耐用、安全经济，在遵循国家有关工程技术施工规程的同时，要求必须正确地选择和使用产品和设备。施工前要做好充分的准备。

（1）熟悉施工图并到施工现场了解情况，请设计单位进行设计交底，对操作工进行专门的培训。

（2）根据施工工艺要求，准备相应的施工机具。在管道连接中，因我国对聚乙烯管道的焊接质量和焊接参数无统一标准，不同生产厂家生产的管材管件焊接参数不同。为达到良好的焊接效果，应按照管材管件生产厂家推荐的与该厂产品相匹配的焊机进行连接。

（3）管材及管件进场检验与管理。

4. 地埋管换热器的安装

安装地埋管换热器时，尽可能地遵循设计要求是至关重要的，但也要允许有一定的偏差。平面图是安装过程中的重要参考，在平面图上应清楚标明开沟和钻孔位置，以及通往建筑物和机房的入口。同时，还应在平面图上标明规划建设用地范围内所有地下公用事业设备的位置，以

避免施工过程中的不必要损失和干扰。在安装过程中，必须保证进行钻孔、灌浆、冲洗和填充换热器时的工地供水，以确保施工的顺利进行和换热器的正常运行。与承包商一起对平面图进行复审是非常必要的，确保所有相关方都对施工计划有清晰的了解，并就平面图进行讨论并达成一致，以避免后期的纠纷和延误。在开始安装之前，承包商必须获得与工作项目相关的所有开工许可。这样可以确保施工符合法规要求，同时保护了承包商和其他相关方的利益。

4.3　绿色建筑中地源热泵系统的调试与验收

在完成绿色建筑中的地源热泵系统的设备及管道组装后，接下来的一个关键步骤是系统的调试与验收。这一过程可以确保系统按照设计要求正常运行，并满足所有操作标准，最终确保系统的高效和可靠性。

4.3.1　空调系统的调试与验收

调试与验收的首要任务是确保空调系统的水系统和风系统正常运行，同时对机组本身进行全面的调试和验收。

1. 水系统的调试

绿色建筑中的地源热泵系统安装完成后，水系统的调试成为确保整个系统可靠性和安全性的重要步骤。调试工作的核心是确保所有管道和设备在实际运行过程中无漏水现象，并且能承受设计的最大工作压力。调试过程首先从水压试验开始。水压试验是系统安装后的初步测试，旨在通过施加高于正常工作压力的水压来检查管道的强度和密封性。通常，这一测试分为强度试验和严密性试验两个阶段，每个阶段都有其独特的重要性和执行标准。在强度试验中，测试的压力通常设置为系统正常工作压力的 1.5 倍，但不得低于 0.6 MPa，这一标准适用于大部分冷热水系统。该试验的目的是验证管道和接头在可能遇到的最高压力下的承受能力，确保在极端情况下系统的完整性不会被破坏。进行强度试验时，整个系统会被暂时封闭，并在规定的压力下保持一定时间，通常是 10 min，检查系统中是否有压力下降的现象，以判定系统的强度是否符合要求。

紧随强度试验之后的是严密性试验，这一测试阶段更侧重于检查系统的密封性。不同材质的管道可能有不同的测试压力标准。例如，钢制管道通常在工作压力下进行测试，而塑料管道则在设计工作压力的 1.15 倍压力下进行。在此阶段，系统内的压力会被降至稍低于强度试验的水平，然后在一段时间（通常 60 min）内监控压力变化和检查是否有渗漏。如果在此期间内无压力下降、外观检查无渗漏且管道无变形，则视为通过严密性试验。对于大型或高层建筑的水系统，调试往往还包括分层或分区试压。这一方法有助于局部定位潜在的漏点，特别是在系统复杂或分布广泛时。通过分区进行试压可以确保每一部分的独立性和可靠性，使得整个系统的调试更为精确和高效。

2. 风系统的调试

风系统的有效运行直接关系到能源的合理使用和室内空气质量。在调试过程中，工程师和技术人员需要对风道的安装质量、风机的运行状况以及空气流动的均匀性进行细致的检查和优化。调试团队会对风管系统进行全面的检查，检查内容包括风管的安装质量、连接处的密封性以及支架的稳固性。风管连接的紧密性是保证空调效率的基础，任何漏洞都可能导致空气泄漏，降低系统的整体效能。此外，不良的安装还可能引起风管振动或发出噪声，影响居住环境或工作环境的舒适度。因此，技术人员必须确保所有连接部件均按照规范连接，使用合适的密封材料并确保所有紧固件的牢固。风机作为风系统的核心，其性能直接决定了空调系统的送风能力和能效，调试过程将关注风机的运行性能。技术人员需要对风机进行初步的运行测试，检查其电机和叶轮的运行是否平稳，是否存在异常振动或噪声。此外，检测风机的电流和电压是否符合设计

参数，以评估其能效和操作效率。如果风机未能达到预期性能，可能需要调整控制系统的设置或对风机本身进行维护和修复。

风量的测试是风系统调试中的另一个重要环节。调试团队会使用风速仪和风量计等专业设备测量各送风口的风速和风量，确保它们达到设计要求。这一步骤对于验证空气分配的均匀性至关重要，合理的空气分配可以确保室内温度和湿度的均衡，提高居住环境和工作环境的舒适度。如果发现风速或风量低于标准值，可能需要检查系统中的阻力是否过大，如过滤器堵塞、风管变形等问题，并进行相应的清理或调整。对于有需求控制的空调系统，调试还需要设置和验证控制系统的功能。这包括温度控制、湿度控制以及空气质量监测等功能的测试。控制系统的精确性直接影响到空调系统的运行效率和能源消耗，确保控制系统的正确配置和运行是提高整体能效的关键。

通过这些调试，风系统能够在绿色建筑中发挥最佳性能，实现节能减排的目标，同时为居住环境和工作环境提供高质量的室内空气。

3. 机组的调试和验收

在现代绿色建筑中，地源热泵系统的有效运行不仅依赖于水系统和风系统的良好调试，还依赖于机组本身的调试。这一过程确保了机组按照设计规范安装且能在实际操作中达到标准。机组调试的首要任务是确认所有的功能参数都被正确设置并调整至最佳状态。这包括但不限于制冷剂的充填量，这一步骤需要精确计量，以确保系统在运行时不会因制冷剂不足或过量而影响效能。制冷剂的充填量直接关系到热泵系统的制冷和供暖能力，因此此项工作必须由经验丰富的技术人员完成，以免系统效率低下或设备损坏。压力调节也是机组调试中的一个关键步骤。系统中的每个部分都必须承受特定的操作压力，从压缩机到蒸发器，再到冷凝器，每个部件的压力设置都必须精确无误。正确的压力设置不仅保障了系统的稳定运行，还影响了系统的能效和运行成本。调试过程中，需要校准温度控制器，以确保其读数的准确性和响应速度。这涉及复杂的电子设备和软件配置，调试人员需要根据制冷负荷和室内外温差进行适当的调整。

除了对硬件进行调试，还需要对地源热泵系统中的自动控制系统进行精确调校，包括时间控制器、湿度传感器以及其他相关的自动化控制元件。这些系统的精确调试不仅影响系统的运行效率，还影响能源使用的优化和系统长期的可持续运行。在机组的验收测试中，机组全负荷运行状况是测试的重点。这通常在系统调试完成后进行，通过模拟高负荷运行条件来测试机组的性能。这种测试可以揭示机组在极端条件下可能出现的任何问题，从而允许人们在系统实际运行前进行必要的调整或修复。

通过这一系列的调试和验收步骤，可以确保地源热泵系统不但在技术上达标，而且高效、稳定且经济。这不仅对建筑物的能效有直接的积极影响，还为建筑物的长期运营提供了坚实的基础。这样的系统验收确保了设备的每一个组成部分都能在预定的参数下运行，最大化地发挥设备的预期性能，为促进绿色建筑发展发挥作用。

4.3.2 地埋管换热器系统的试验

地埋管换热器系统是地源热泵系统中的核心部分，其性能直接影响到整个系统的热效率和稳定性。因此，对这一系统的调试与验收尤为重要。

1. 地埋管换热系统的检查

地埋管换热系统的检查首先从确保所有管道和连接件正确安装开始。在安装过程中，必须严格按照工程设计图纸及规范进行，确保每一部分的位置精确无误。此外，安装完毕的管道系统需要进行全面的视觉检查，检查管道是否有损伤、变形或不当的接头处理，这些问题都可能影响系统的长期稳定性和效率。检查的下一步是进行严密性和强度测试。这一测试至关重要，因为它可以揭示系统中的弱点。测试通常涉及将系统内

的压力提高到正常运行压力的 1.5 倍甚至更高。这样的压力测试可以确保在实际操作中，系统能够承受极端条件下的压力而不发生泄漏或损坏。在测试过程中，特别关注系统中的所有焊点、接头和连接部分，因为这些区域最有可能出现泄漏。

进行压力测试时，操作人员会仔细监控压力指标的变化，以检测是否有压力迅速下降的情况，这通常表明系统中存在泄漏点。如果发现压力下降，需要进一步检查并确定泄漏的具体位置。这可能需要使用特殊的检测设备，如压力传感器或听音器等，以精确定位泄漏点。除了压力测试之外，还需要对管道的热膨胀特性进行考察。地埋管由于其埋设环境的特殊性，会经历温度变化导致的膨胀和收缩。因此，系统的设计和安装必须考虑到这一点，以确保管道在温度变化时不会因应力过大而损坏。

完成所有这些测试和检查后，如果系统中没有发现任何问题，就可以认为地埋管换热系统是合格的，可以进行下一步的冲洗和最终的系统调试；如果在检查过程中发现了问题，那就必须先解决这些问题，再进行后续的操作。

2. 地埋管换热系统水压试验

在进行水压试验前，首先需要确保所有管道已正确连接，所有阀门和接头已正确安装并紧固。测试开始时，首先对系统进行低压测试，初步检查系统是否有明显的泄漏点。在低压条件下，任何存在的泄漏点都会被初步发现，从而避免在高压测试阶段造成更大的损害。低压测试通过后，将系统压力逐渐增加到设计的测试压力，通常是系统正常工作压力的 1.5 倍或更高。这个压力必须维持一定时间，通常是几个小时到一个工作日，这样做是为了确保系统在长时间受压的情况下仍然能保持稳定和密封。在此过程中，测试人员会仔细观察压力表，检查压力是否有下降，下降的压力可能指示系统内部存在微小的泄漏点。系统在维持高压的过程中，工作人员会使用水压测试仪器，如压力计和泄漏检测器，对系统的每一部分进行详细检查。特别关注所有接头部分，因为这些区域是潜在的泄漏点。此外，也会检查系统中的阀门和其他可能存在问题的部位。

如果在高压测试期间发现压力持续下降，需要进一步检测，以确定泄漏的具体位置。可以使用声波检测，也可以使用荧光染料或其他专用检测工具检测，精确确定泄漏点的位置。一旦确定泄漏点，必须立即进行修复。修复可能涉及更换损坏的管段、重新焊接或更换不良的接头和阀门。

完成所有修复并重新测试，确认无泄漏后，系统的水压试验才能宣告成功。通过这一系列严格的测试和检查，可以确保地埋管换热系统在投入运行后能够高效可靠地工作，不仅保证了能源效率，还有助于保护环境不受未经处理的液体泄漏的影响。

第 5 章　浅层地温能应用——以重庆市为例

第 5 章将深入探讨浅层地温能在重庆市的具体应用，通过这一具体案例，本章旨在展示浅层地温能在城市中的应用效果及潜力。重庆市因其独特的地理和气候条件，提供了一个理想的平台来研究地源热泵系统的实际运行，提升地源热泵系统的实际运行效果。本章将详细介绍重庆市在采用浅层地温能方面的策略、实施过程以及所面临的挑战和机遇，进一步阐明绿色建筑技术在大规模城市应用中的可行性和持续性。

5.1　重庆市浅层地温能状况

本节将详细探讨重庆市浅层地温能的具体状况，包括该地区地温能资源的分布、特性及其开发利用的现状。重庆市作为一个地形多变的直辖市，地下资源丰富，为地源热泵技术的应用提供了独特的条件和更多的可能。本节将从地质结构、气候特点及地温能资源的具体数据出发，分析其对地源热泵系统效率的影响，以及如何利用这些资源来支持城市的可持续发展和环境保护。

5.1.1　重庆市浅层地温能概况

重庆市地处中国西南地区，属亚热带湿润季风气候区，四季分明，冬暖夏热，降水充沛。随着全球能源需求的增加和环保意识的提升，浅层地温能作为一种绿色可再生能源，受到了越来越多的关注。浅层地温能具有储量丰富、安全可靠、可就地利用、环境效益显著等优点，是实现节能减排和可持续发展的重要途径之一。浅层地温能资源主要分布在地下 200 m 以内的地质体中，受地层岩土和浅层地热能水文地质、地热地质条件控制。根据地质调查结果，重庆市地层主要包括第四系人工填土、残坡积粉质黏土、中侏罗统沙溪庙组基岩（砂岩和泥岩）及上三叠系嘉陵江组一段基岩（灰岩）。这些地层岩土具有较高的热导率，平均热导率为 1.75 ～ 1.9 W/(m·K)，灰岩地区的热导率更高，约为 2.5 W/(m·K)。地下岩土体的平均温度为 18.5 ～ 20.5 ℃，具有良好的开发利用潜力。

重庆市的浅层地温能开发利用主要采用地埋管地源热泵技术。地源热泵系统通过在地下埋设换热管，利用地下稳定的温度为建筑物供暖和制冷。根据热容量计算，重庆市 100 m 以浅的浅层地热容量为 $7.477\,5 \times 10^{13}$ kJ/℃，200 m 以浅的浅层地热容量为 $1.497\,6 \times 10^{14}$ kJ/℃。考虑到土地利用系数，换热孔深度（长度）为 100 米时，冬季换热功率为 $2.273\,4 \times 10^{7}$ kW，夏季为 $2.098\,5 \times 10^{7}$ kW。这些数据表明，重庆市具有开发浅层地温能的巨大潜力。

浅层地温能开发利用具有显著的经济效益和环境效益。例如，某水文地质工程地质队某楼地源热泵项目夏季节约标准煤 24.3 t，减少二氧化碳排放 58.08 t，节省环境治理费 6.867 万元。又如，某银行营业部地源热泵项目，全年常规能源替代量为 74.2 t 标准煤，减排二氧化碳 183.27 t，减排二氧化硫 1.48 t。这些实例证明了浅层地温能在节能减排和环境保护方面的巨大潜力。

尽管开发利用浅层地温能具有众多优势，但也会对地质环境产生影响。首先，地温变化可能会影响大地热流，进而制约生态系统物种的多样性和区域生态系统的稳定性。地温变化还会引起岩土物性参数的变化，如岩土温度上升会导致饱和导水率上升，改变岩土的物性参数。温度变

化对生物的影响也不可忽视，土壤温度的变化会影响植物根系活动和营养元素的吸收，进而影响整个生态系统。

为了降低浅层地温能开发利用对环境的影响，重庆市采取了一系列监测与预防措施。首先，通过 Fluent 软件进行地下热平衡模拟分析，预测浅层地热能开发利用对岩土体温度的影响。结果表明，长期运行地源热泵系统后岩土温度会逐年上升，需采取措施，如增加冷却塔或冬季增加热水供应量等，以缓解热失衡问题。其次，依托某水文地质工程地质队某楼地源热泵项目，建立了地温监测系统，对不同深度的岩土温度变化进行监测。数据表明，系统运行期间地下岩土温度整体下降，系统停止运行后岩土温度恢复，表明短时间的系统运行对岩土温度影响明显，但长时间的系统运行影响较小。重庆市还建立了全面的浅层地温能动态监测系统。在充分收集已有资料的基础上，选择有代表性的地段或地点，建立野外监测站和系统能效监测站，进行动态监测，建立重庆市浅层地温能监测系统。其主要工作包括资料收集、水文地质钻探、室内测试、野外监测站建设和系统能效监测站建设等。

重庆市采取了一系列综合防治措施，以确保浅层地温能的可持续开发利用。在浅层地热能项目开发前，进行专项勘察和地质环境影响评估，制订合理的开发计划，确保系统热平衡。对于冷热负荷不平衡的地区，采用辅助冷却塔、景观喷泉等来平衡夏季向地下排放的热量。在埋管区设置地下温度传感器，实时监控岩土温度变化，一旦温度超过设定值，就采取相应措施，如开启辅助调峰设备等。

重庆市主城区是一个重要的城市核心区域，包括渝中区、大渡口区、江北区、沙坪坝区、九龙坡区、南岸区、北碚区、渝北区和巴南区等。这些区域位于重庆市的中心城区以及两江新区的部分地区，总面积达 1 670 m^2。

重庆市主城区内拥有丰富的浅层地温能资源，这些资源与区域的水文地质条件密切相关。主城区的地层主要由沉积岩组成，包括泥岩、砂岩和灰岩等，这些岩石的硬度较高，导致开发利用时的钻探成本相对较高。然而，这些岩土体的导热系数为 1.93 ～ 3.1 W/(m·K)，平均值约为 2.62 W/(m·K)，表现出良好的导热性能。地下岩土体的平均温度大致为 18.5 ～ 20.5 ℃，这为资源的开发利用提供了极为有利的条件。特别是对于地下换热器等设施，地下水以裂隙水为主，地下水的流动对地下换热器的传热非常有利，同时能有效缓解资源利用带来的热平衡问题。这种地下水的特性为地下能源的利用提供了便利条件，使地下换热器等设施能够更有效地进行热交换，提高能源的利用效率。由于重庆市主城区地层的特点以及地下水的流动状况，浅层地温能资源得以充分利用。这些资源的开发利用不仅能够为城市提供可再生的能源，还能够有效减少对传统能源的依赖，从而降低能源成本、减少环境污染，促进城市的可持续发展。

根据规范和专家意见，选取了钻孔难易度、平均热导率、地下富水性、平均比热容和地下水质等五个指标，对重庆市主城区的浅层地温能资源进行了调查评价。通过采用各种评价方法进行综合评定，最终得到了适宜性分区的结果。在这个评价结果中，可以看到，主城区的浅层地温能资源被分为适宜区和较适宜区两部分，这两部分共占据规划面积的 96.5%。这意味着重庆市主城区的大部分地区都具备了利用浅层地温能资源的良好条件。这项调查评价结果为未来的资源开发和利用提供了重要参考依据。适宜区和较适宜区的划分将有助于指导城市规划和建设，合理利用地下能源资源，推动能源结构的优化和转型。同时，这为城市可持续发展提供了新的动力和支撑，有利于提升城市的能源利用效率，降低能源成本，减少环境污染，推动经济社会的可持续发展。

重庆市浅层地温能开发的有利条件如下：

1. 气候条件有利

重庆市地处我国夏热冬冷地区，具备明显的季节性气候特点，夏季高温闷热，冬季潮湿阴冷。这种气候条件使得重庆市在夏季有较高的制

冷需求，而在冬季则有供暖需求。空调能耗约占重庆市全年总用电量的26%，在夏季高峰期甚至达到全市用电量的40%。特别是在夏季，空调制冷负荷巨大，导致区域内供电紧张，当地政府迫切希望通过采用浅层地温能等高效清洁能源来缓解城市能源紧张。重庆市的区域降雨量充沛，地表水储量丰富，这为浅层地温能资源的赋存提供了有利条件。丰富的降雨量不仅补充了地表水，还使地下水位较高，增加了浅层地温能的可利用性。浅层地温能资源开发利用具有显著的节能和环保效益，不仅可以有效降低建筑能耗，提高室内环境舒适度，还能够缓解夏季制冷高峰期的电力供应压力。通过合理开发和利用浅层地温能，重庆市可以实现能源结构优化，推进绿色低碳发展，提高城市的可持续发展能力。

2. 地下水水质有利

重庆市地下水一般情况下无腐蚀作用，地下水水质较为优良。这种优质的地下水条件对浅层地温能资源的开发利用提供了重要保障。地下水水质优良，腐蚀性低，意味着地源热泵系统中使用的地下埋管不易受到腐蚀，能够显著延长地下换热系统的使用寿命。这对于地下埋管系统的长期稳定运行至关重要，因为地下埋管是地源热泵系统的重要组成部分，其性能和使用寿命直接影响整个系统的效率和可靠性。地下水质的优良也使得地下水中蕴含的浅层地温能资源可以更方便地被直接开发利用。优质的地下水不仅能有效传递热量，提高地源热泵系统的换热效率，还能减少系统维护和清洁工作，从而降低运行成本和维护难度。特别是重庆市这样地下水资源丰富且水质优良的地区，为浅层地温能资源的开发利用提供了良好的条件。

3. 地质条件有利

重庆市的基础地质条件较为优越，为浅层地温能资源的开发利用提供了有利条件。重庆市的恒温层深度通常在10～15 m以下，监测数据显示，地下恒温层的温度约为18.5～20.5 ℃，这一适宜的温度范围非常有利于浅层地温能资源的开发和应用。重庆市的侏罗系红层广泛分布于丘陵谷地及低山区，地层厚度较大，这为地源热泵系统提供了稳定的地质条件。该地层中主要的岩性为泥岩和砂岩，在背斜及低山的地层中还含有大量的灰岩。灰岩具有相当好的导热性能，而砂岩和泥岩的导热性能也较为优越，岩层的导热系数为 2.3 ～ 3.0 W/(m· ℃)。这些良好的导热性能使得地源热泵系统在进行热量交换时效率较高，有助于实现地下热平衡。重庆市地下水资源丰富，主要以脉状裂隙水和基岩裂隙水为主，这些水资源能够有效地传递热量，进一步提升地下换热器的传热效率。地下水在地源热泵系统中的作用不仅体现在传热方面，还体现在其能够帮助维持地下热平衡，防止热量积聚或流失，从而保证系统的长期稳定运行。基础地质条件的优越性不仅体现在导热性能上，还在于地质结构的稳定性和地下水资源的丰富性。这些因素共同作用，为浅层地温能资源的开发利用提供了可靠的基础。通过充分利用这些有利的地质条件，重庆市可以更高效地开展浅层地温能资源的开发，实现节能减排和环境保护的目标。

4. 水资源有利

重庆市的水资源条件极为优越，为浅层地温能资源的开发利用提供了有力支持。重庆市的地表水资源主要以长江和嘉陵江为骨干水系，这两条河流贯穿整个调查区域，年径流量大，水资源十分丰富。这些骨干水系的存在不仅为城市供水提供了保障，还为浅层地温能资源的赋存创造了有利条件。长江和嘉陵江作为重庆市的主要水系，不但水量充沛，而且水温较为稳定。这一特性使得地表水中的浅层地温能能够更加稳定地进行开发和利用。稳定的水温有助于维持地源热泵系统的高效运行，减少温度波动带来的系统效率下降问题。同时，水质较好意味着在使用地表水进行浅层地温能开发时，可以减少水处理过程中的复杂性和成本，提高资源利用的整体效率。骨干水系的丰富性还为地下水的补给提供了良好的条件，这进一步促进了地下水资源的充沛，增强了浅层地温能资源的可开发性。地下水资源的丰富性不仅提高了地源热泵系统的传热效率，还有利于维持地下热平衡，确保系统的长期稳定运行。骨干水系的

广泛分布使得浅层地温能资源的开发利用可以在更大范围内进行。通过合理规划和布局，可以在重庆市的不同区域进行浅层地温能资源的开发，满足不同地区的能源需求，推动城市的可持续发展。

5. 经济有利条件

重庆市的经济实力日益增强，为浅层地温能资源的开发利用提供了坚实的基础。2023 年，重庆市地区生产总值首次突破 3 万亿元，达 30 145.79 亿元，比 2022 年增长 6.1%，成为全国特大城市中第 4 个 GDP 总量超 3 万亿的城市。这一显著的经济成就不仅标志着重庆市社会经济发展的快速提升，还为新兴能源技术的应用和推广提供了重要支持。随着经济实力的增强，重庆市在基础设施建设、科技研发和产业升级等方面的投入显著增加，这为浅层地温能资源的开发利用创造了良好的外部环境。经济的快速增长意味着市政府和企业可以将更多的资金和资源投入新技术的研究和应用中，从而推动浅层地温能技术的应用和普及。同时，经济发展的速度表明市场对能源需求的不断增长，迫切需要寻求高效、清洁的能源解决方案，浅层地温能的开发利用正是满足这一需求的重要途径之一。经济实力的提升还带来了城市化进程的加快和建筑业的快速发展。大量的新建建筑和基础设施为浅层地温能系统的应用提供了广阔的市场空间。尤其是在节能环保要求日益严格的背景下，越来越多的新建建筑开始采用地源热泵等绿色能源技术，以降低能耗和减少碳排放。经济的繁荣使更多的企业和居民有能力选择和使用这种高效、节能的技术，从而进一步推动浅层地温能的市场化应用。重庆市政府高度重视可持续发展和环境保护，在政策层面大力支持新兴能源技术的推广应用。随着经济实力的提升，政府有更多的财力和物力来制定和实施相关的激励政策和支持措施，如补贴、税收优惠和技术研发支持等，为浅层地温能的开发利用提供了强有力的政策保障。这些政策不仅降低了企业的投资成本，还增强了企业开发利用浅层地温能的积极性和信心。

5.1.2 资源开发利用现状

根据重庆市建设用地规模和城市规划等因素，本章对浅层地温能资源的开发利用现状进行了评估。在考虑土地利用系数的情况下，规划区内在 100 m 以上范围内，冬季可供暖面积达 3.789×10^8 m²，夏季可制冷面积为 $2.098\,5 \times 10^8$ m²。而在重庆市调查区范围内，浅层地温能资源可开发利用的总能量达 $1.951\,6 \times 10^8$ GJ。

这些数字反映了浅层地温能在重庆市主城区的开发利用潜力和可利用性。通过开发利用这些资源，可以实现巨大的节能减排效益。据估算，每年可节约标准煤约 2.333×10^6 t，同时减少 SO_2、NO_x、CO_2 以及悬浮质粉尘等多种污染物的排放量，对环境保护具有积极的促进作用，每年还可节省环境治理费约 6.583×10^4 万元。这些数据不仅说明了浅层地温能资源在重庆市主城区的广泛应用前景，还凸显了其在能源结构转型中的重要地位。利用这些资源，不仅可以为城市居民提供更加环保、高效的供暖和制冷服务，还能够降低能源成本、改善空气质量，推动城市可持续发展。要充分开发利用浅层地温能，还需要进一步加强技术研发、政策支持和市场培育等方面的工作。通过加大对浅层地温能的开发利用力度，可以更好地实现能源的可持续利用，为重庆市的经济社会发展注入新的动力，为建设宜居、宜业的现代化城市做出积极贡献。

5.1.3 重庆市主城区城市发展状况

本书根据《重庆市城乡总体规划（2007—2020 年）》（2014 年深化），对重庆市主城区的城市发展状况进行了详细规划和统计分析。首先，根据预计建成的公共建筑面积，计算出了每个组团的公建比例，如图 5–1 所示。在这些组团中，观音桥、渝中、大杨石和李家沱等 4 个组团的公建比例超过了 10%，这表明这些地区在城市发展中扮演着重要的公共服务和基础设施建设的角色。《重庆市城乡总体规划（2007—2020 年）》

（2014 年深化）还对重庆市的用地情况进行了详细规划，将主城区内的 22 个组团划分为建成区、规划区和拓展区。根据规定，建成区面积占该组团总面积比例最大的组团称为建成组团，规划区面积占该组团总面积比例最大的组团称为规划组团，拓展区面积占该组团总面积比例最大的组团称为拓展组团。建成组团展现了城市发展成熟区域，规划组团展现了城市的规划发展方向，而拓展组团则展现了城市的发展潜力和未来发展方向。当建成区、规划区和拓展区的面积所占比例相当时，则称为特例。通过统计分析，可以清晰地了解到重庆市主城区各个组团的发展状况。这种分类和分析有助于制定城市发展战略和规划，合理配置城市资源，实现城市的可持续发展。

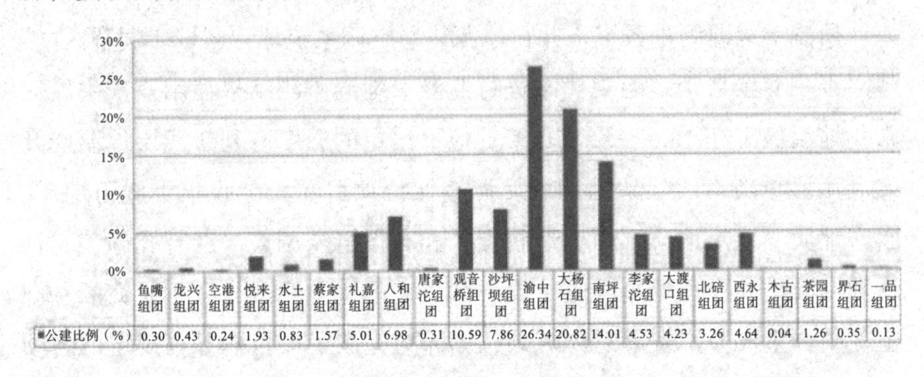

图 5-1　重庆市主城区公建比例统计图

“重庆市浅层地温能调查评价”项目是中国地质调查局组织实施的 2011 年地质矿产调查评价专项“全国地热资源调查评价”计划项目（实施单位为中国地质科学院水文地质环境地质研究所）的工作项目，为新开项目。按照中国地质调查局地质调查工作项目任务书（编号：水 [2011]01-17-05，水 [2012]02-036-005 ）要求，项目工作周期为 2011—2012 年。“重庆市浅层地温能调查评价”项目的工作区位于重庆市主城区，包括重庆主城九区，即渝中区、大渡口区、江北区、沙坪坝区、九龙坡区、南岸区、北碚区、渝北区、巴南区。本次调查范围包括重庆中心城区以及两江新区部分，实际调查面积为 1 682 km^2。

重庆主城区地处长江上游，位于长江与嘉陵江交汇地带，是国家级历史文化名城，西南地区和长江上游重要的中心城市。“重庆市浅层地温能调查评价”项目工作区域界于北纬 28°46′～31°14′ 和东经 105°44′～108°53′，其中重庆市主城区建成区部分，城市建筑物众多，分布着面积较大的城镇和工矿区，独立地物较多，覆盖密度大；道路网发达，居民所在地、道路网稠密。通过在调查区开展地源热泵试验与测试研究及经济性分析，确定重庆地区地埋管地源热泵适宜换热深度为 80～100 m，同时完成了重庆市（主城区）浅层地温能开发利用场地勘察指南。

研制了地温测量系统，并在地源热泵空调系统埋管区域（调查区内）建立了一套全自动地温观测站进行监测。地温监测结果显示重庆主城区常年地温稳定在 18.5～20.50 ℃，地下恒定的温度有利于浅层地温能开发利用。重庆市浅层地温能资源调查评价项目在充分收集重庆市地质、水文地质、地热地质、环境地质资料和布设野外调查、勘查孔施工、抽水和回灌试验、现场热响应试验测试、室内实验测试与分析研究的基础上，结合重庆城市发展总体规划，圆满地完成了项目任务书规定的各项任务，主要结论如下：

（1）通过对调查区进行勘查，可得到地形地貌、气象水文、地层岩性、地质构造及水文地质资料。调查区分布的地层主要有第四系人工填土、残坡积粉质黏土、侏罗系中统沙溪庙组基岩（砂岩和泥岩）以及上三叠系嘉陵江组一段基岩（灰岩）。

通过分析 18 个钻探孔的抽水试验成果以及野外水文地质调查、测绘资料，可知调查区单孔每天出水量 20～80 m^3，个别岩溶地区单孔每天出水量约 120 m^3，地下水较为贫乏，单井水量较小，不适宜开发利用地下水浅层地温能。

通过对岩土体进行室内测试得出：在泥岩和砂岩交替的地区，岩土体

的平均热导率为 1.75 ～ 1.9（W/(m·K)）；灰岩地区热导率为 2.5（W/(m·K)）左右。用“恒热流法”进行了现场热响应测试，得到不同地点的岩土导热系数为 1.93 ～ 3.1 W/(m·K)，其平均值为 2.62 W/(m·K)。调查区通过地温动态监测，得到的岩土体平均温度为 18.5 ～ 20.5 ℃。

（2）利用综合评价理论基础对调查评价区建立了分区评价模型，用层次分析法和非结构模糊赋值法确定了项目中各指标的权重，用综合指数法通过 MAPGIS 6.7 软件对研究区域内网格点进行分区总分计算，得到了重庆地区浅层地温能开发利用适宜性分区结果图，并用灰色关联度综合评价法验证了这一结果的正确性。具体结论如下：

重庆地区开发利用浅层地温能资源，评价区域的总评价区域面积（不含生态绿化带）为 1 681.51 km^2，其中适宜区的面积为 311.31 km^2，占总评价区域面积的 18.51%；较适宜区的面积为 1 351.55 km^2，占总评价区域面积的 80.37%；不适宜区的面积为 18.65 km^2，占总评价区域面积的 1.11%，适宜区与较适宜区共占总评价区域面积的 98.88%，表明在整个评价区域范围内可以大量利用浅层地温能资源。

（3）对浅层地温能的定量评价从两个方面进行，一是对其静态储量进行计算评价，二是对其可开采量进行评价（热、冷承载能力）。本项目主要对重庆调查评价区域内浅层地温能资源的热容量、地埋管地源热泵系统换热功率和开发利用潜力进行了评价。

①热容量。对于热容量的计算，采用体积法，分别计算岩土体中的热储存量、岩土体中所含水的热储存量以及岩土体中所含空气的热储存量，然后相加得到总的热容量。

100 m 以浅考虑土地利用系数时，浅层地热容量为 7.4775×10^{13} kJ/℃，其中包气带 7.2860×10^{12} kJ/℃，饱水带 6.7489×10^{13} kJ/℃；不考虑土地利用系数时，浅层地热容量总计为 4.0592×10^{14} kJ/℃，其中包气带 4.0363×10^{13} kJ/℃，饱水带 3.6555×10^{14} kJ/℃。

200 m 以浅考虑土地利用系数时，浅层地热容量总计为 1.497 6 ×

10^{14} kJ/℃，其中包气带 7.286 0 × 10^{12} kJ/℃，饱水带 1.424 8 × 10^{14} kJ/℃；不考虑土地利用系数时，浅层地热容量总计为 8.120 9 × 10^{14} kJ/℃，其中包气带 4.036 3 × 10^{13} kJ/℃，饱水带 7.717 2 × 10^{14} kJ/℃。

②换热功率。采用热导率计算法，得到区域内地埋管换热器的换热系数，重庆市地埋管热泵系统适宜区和较适宜区面积为 1 662.89 km²，夏季可利用温差 Δt 为 12 ℃，冬季可利用温差 Δt 为 13 ℃。土地利用系数 22.14%（其中建成区取 0.07），折算系数 0.35。

考虑土地利用系数时，换热孔深度（长度）为 100 m 时，冬季换热功率为 2.273 4 × 10^7 kW，夏季换热功率为 2.098 5 × 10^7 kW；换热孔深度（长度）为 200 m 时，冬季换热功率为 4.799 3 × 10^7 kW，夏季换热功率为 4.430 2 × 10^7 kW。

不考虑土地利用系数时，换热孔深度（长度）为 100 m 时，冬季换热功率为 3.545 2 × 10^8 kW，夏季换热功率为 3.272 5 × 10^8 kW；换热孔深度（长度）为 200 m 时，冬季换热功率为 7.484 4 × 10^8 kW，夏季换热功率为 6.908 7 × 10^8 kW。

③潜力评价。在适宜性分区的基础上，结合浅层地温能的可利用量，估算重庆市可利用浅层地温能，取重庆市夏季建筑物中央空调冷指标为 100 W/ m²，冬季 60 W/m²。调查区（100 m 以浅）制冷建筑面积为 2.098 5 × 10^8 m²，供热面积为 3.789 0 × 10^8 m²；（200 m 以浅）制冷建筑面积为 4.430 2 × 10^8 m²，供热面积为 7.999 0 × 10^8 m²。

地埋管热泵系统单位面积可制冷面积为 1.62 × 10^5 ～ 1.78 × 10^5 m²/km² 的面积为 390.39 km²，占工作区总面积的 23.48%；单位面积可制冷面积为 1.42 × 105 ～ 1.62 m²/km² 的面积为 882.58 km²，占工作区总面积的 53.08%；单位面积可制冷面积为 0.519 × 10^5 ～ 1.42 × 10^5 m²/km² 的面积为 389.92 km²，占工作区总面积的 23.45%，主要分布在已建成区，开发利用潜力低的区域。

（4）分析了重庆市浅层地温能资源开发利用经济环境效益。分别对

两个地源热泵项目的经济环境效益进行了实测效果的分析。项目 1（某办公楼）地源热泵项目的应用夏季节约标准煤 24.3 t，减排颗粒物（碳粉尘）0.194 7 t，减排二氧化碳（CO_2）58.08 t，减排二氧化硫（SO_2）0.413 8 t，减排氮氧化合物（NO_X）0.146 t，减少灰渣排放量 0.243 t，节省环境治理费 68 668 元；项目 2（某银行营业部）地源热泵项目实测结果显示：该系统全年常规能源替代量为 74.2 t 标准煤，减排颗粒物（碳粉尘）0.74 t，减排二氧化碳（CO_2）183.27 t，减排二氧化硫（SO_2）1.48 t。

考虑土地利用系数，换热孔深度（长度）为 100 m 时，全年开发利用浅层地温能，每年可节约的标准煤量为 2.333×10^6 t，减少二氧化硫排放量 3.967×10^4 t，减少氮氧化合物排放量 1.400×10^4 t，减少二氧化碳排放量 5.568×10^6 t，减少悬浮质粉尘排放量 1.867×10^4 t，减少灰渣排放量 2.334×10^4 t，节省的环境治理费为 6.583×10^4 万元。

（5）开展了重庆市浅层地温能资源开发利用动态监测网建设。初步建立了浅层地温能野外监测站和浅层地温能系统能效监测站，并进行动态监测，建立起重庆市浅层地温能监测系统，同时开展浅层地温能监测网系统示范建设。主要进行资料收集、水文地质钻探、室内测试、野外监测站建设、系统能效监测站建设、监测网中心站建设等方面的工作，并根据获取的监测数据，结合模拟手段，对开发利用浅层地热能资源可能带来的环境地质影响进行了预测和分析。

（6）总结完善了浅层地温能地源热泵场地勘察指南。通过本次调查评价及对开发利用典型工程场地勘察，确定工程场地勘察主要目的是查明浅层地温能开发利用条件，为地源热泵工程设计和施工提供地质依据，同时提出了工程场地勘察的相关技术及要求。

（7）建立了重庆市浅层地温能资源开发利用系统数据库。根据项目要求，结合大量的地质资料和数据及调查结果，分别建立了原始资料数据库和综合成果数据库。原始资料数据库是将 2011—2012 年工作期间，野外调查和收集的原始数据，进行统一整理、分类、汇总，利用浅层地温能调查信息系统的录入模块而建立的；综合成果数据库完成了浅层地温能空间数据库图层和各专题图层的建库，完成对拟编的图件经过扫描、误差校正、矢量化、拓扑查错、投影变换、系统生成等工作。根据技术要求对需建属性的图层进行划分，建立图层属性结构，录入属性。

5.2 主城区浅层地温能开发利用综合分区方法及建议

本节将介绍如何根据不同区域的特点制定具体的浅层地温能开发方案。这种方法旨在优化资源的配置和利用，减少能源浪费，并促进环境的可持续发展。此外，本节还将向政策制定者和实施者提出具体建议，以支持重庆市在可再生能源利用方面的长远规划和发展。

5.2.1 开发利用综合分区方法

1. 分区评价体系建立

本书基于对重庆市资源情况和城市发展状况的调查，并结合专家意见，建立了重庆市主城区浅层地温能资源开发利用综合分区评价体系，如图 5-2 所示。这一评价体系旨在全面、客观地评估主城区浅层地温能资源的开发利用潜力和条件。该评价体系考虑了多个方面的因素，包括地质条件、地下水情况、城市规划建设、公共建筑分布等。通过对这些因素的综合分析，可以对主城区内的不同区域进行科学评价，并为资源开发利用决策的做出提供依据。这一评价体系的建立有助于指导重庆市主城区浅层地温能资源的合理开发利用，推动能源结构优化，促进城市可持续发展。[①] 在图 5-2 中，各个分区根据浅层地温能资源的开发利用潜力和条件被划分为不同等级，从而形成了分区评价的层次体系。这样

① 张甫仁，毛维薇，袁园，等．重庆市主城区浅层地温能开发利用分区方法研究 [J]. 重庆交通大学学报 (自然科学版), 2018, 37 (4): 59–64.

的划分有助于重庆市主城区在资源开发利用过程中实现科学、有序地制定规划和进行管理，最大限度地发挥地温能资源的开发利用潜力，为城市的能源转型和可持续发展做出积极贡献。

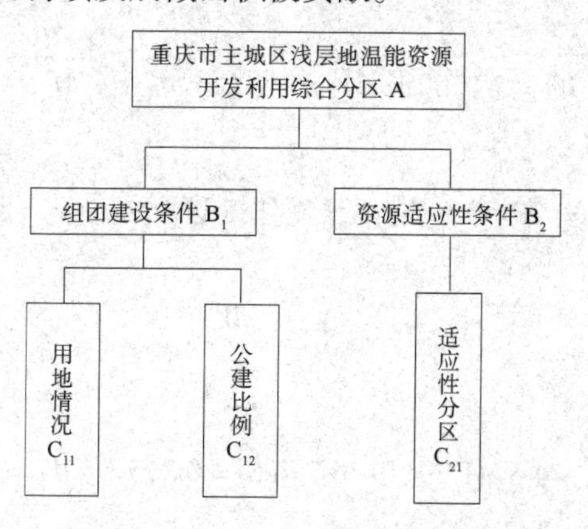

图 5-2　浅层地温能资源开发利用综合分区评价体系

2. 采用层次分析法确定资源开发利用分区指标权重

建立判断矩阵，并根据矩阵的标度，建立比较各个指标之间相对重要性的对比矩阵，分层计算各层指标权重值。

（1）构造准则层对于目标层的判断矩阵 $\boldsymbol{A}-\boldsymbol{B}_i$。建立判断矩阵，并判断矩阵标度，建立各指标之间相对重要性比较的两两对比矩阵：

$$\begin{array}{ccc} A & B_1 & B_2 \\ B_1 & 1 & \dfrac{3}{5} \\ B_2 & \dfrac{5}{3} & 1 \end{array}$$

把上述矩阵简记为

$$\boldsymbol{A}=\begin{bmatrix} 1 & \dfrac{3}{5} \\ \dfrac{5}{3} & 1 \end{bmatrix}$$

（2）计算准则层 B_i 中因素对于目标层 A 的相对重要性。

①计算判断矩阵 $\boldsymbol{A}$ 每一行元素的乘积 M_i，即 $M_1 = a_{11} \times a_{12} = \frac{3}{5}$；$M_2 = a_{21} \times a_{22} = \frac{5}{3}$。

②计算 M_i 的 n 次方根 $\overline{W_i}$，可得 $\overline{W_1} = \sqrt{M_1} = 0.774\,6$； $\overline{W_2} = \sqrt{M_2} = 1.291\,0$

③对向量 $\bar{\boldsymbol{W}} = \left[\overline{W_1}, \overline{W_2}\right]^{\mathrm{T}}$ 进行正规化处理：

$$W_i = \frac{\overline{W_i}}{\sum_{i=1}^{2} W_i} \qquad (5\text{–}1)$$

可得 $W_1 = 0.774\,6 / (1.291\,0 + 0.774\,6) = 0.375$； $W_2 = 1.291\,0 / (1.291\,0 + 0.773\,6) = 0.625$。

则得到的 $\boldsymbol{W} = [0.375, 0.625]^{\mathrm{T}}$，为矩阵 $\boldsymbol{A}$ 所需要的特征向量。

（3）验证判断矩阵 $\boldsymbol{A}$ 的一致性。计算判断矩阵 $\boldsymbol{A}$ 的最大特征根 $\lambda_{\max}$：

$$\boldsymbol{AW} = \begin{bmatrix} 1 & 3/5 \\ 5/3 & 1 \end{bmatrix} \begin{bmatrix} 0.375 \\ 0.625 \end{bmatrix} = \begin{bmatrix} 0.75 \\ 1.25 \end{bmatrix}$$

$$\lambda_{\max} = \sum_{i=1}^{3} \frac{(\boldsymbol{AW})_i}{nW_i} = 1/2(0.75/0.375 + 1.25/0.625) = 2$$

$$CI = \frac{\lambda_{\max} - n}{n - 1} = 0 \qquad (5\text{–}2)$$

矩阵 $\boldsymbol{A}$ 有满意的一致性，其特征向量计算结果 $\boldsymbol{W}$ 是相对合理的，则 $\boldsymbol{W} = [0.375, 0.625]^{\mathrm{T}}$ 中的值分别对应的是准则层中各因素 B_1、B_2 相对于目标层 A 的相对重要性值。

（4）计算方案层中因素 C_{1j} 相对于准则层中因素 B_1 的重要性。

同理可得 $B_1 - C_{1j}$ 的特征向量：

$$B_1=\begin{bmatrix}1 & \frac{6}{5}\\ \frac{5}{6} & 1\end{bmatrix}$$

其特征向量为 $\boldsymbol{W}_1=[0.530\,4, 0.469\,6]^{\mathrm{T}}$，$\lambda_{\max}=2.0018$，$CI=0$，此时判断矩阵 $\boldsymbol{B}_1-\boldsymbol{C}_{1j}$ 具有满意的一致性。

3. 采用非结构性模糊赋权法确定分区指标权重

非结构性模糊赋权法首先要求进行重要性的定性排序，即通过专家的判断或相关数据分析确定各个因素在地源热泵系统中的相对重要性。这一步骤通常涉及一系列因素的比较，如用地情况、公建比例、人均GDP、人口密度和适应性分区等。给这些因素赋予一个初步的重要性评级，通常是基于它们对系统性能的影响大小。例如，在重庆市的案例中，可能会考虑到该地区的特定地质和气候条件，这些条件将直接影响地源热泵系统的设计和效率。

在完成初步的定性评价后，非结构性模糊赋权法进一步要求构建一个二元对比矩阵，用于更精确地衡量各因素之间的重要性。这个矩阵基于因素集之间的重要性比较，每个元素都反映了一个因素相对于另一个因素的重要性程度。这种比较通常基于专家的见解或收集到的相关数据。例如，在比较用地情况和公建比例时，可能会基于它们对地源热泵效率的直接影响力进行评估。

该方法涉及对比矩阵的一致性检验，确保所得结果的合理性和一致性。如果一致性不达标，可能需要重新调整评价标准或再次咨询专家。通过这种方式，可以确保权重分配尽可能客观和科学。计算过程中，每个因素的权重是通过将矩阵转换为相对隶属度向量并进行归一化处理获得的。这一过程确保了最终权重的总和为 1，每个因素的权重都精确反映了其在地源热泵系统中的相对重要性。

通过非结构性模糊赋权法的应用，研究人员和工程师能够得到一个科学依据，指导他们在特定地区运用地源热泵系统时有效进行区域划分和资源分配。这不仅提高了系统的总体性能，还有助于实现能源的可持续利用和环境保护目标。在重庆市的例子中，这种方法能够帮助决策者优化地源热泵系统的布局，根据各区域的具体条件和需求进行个性化的设计和调整，最终使能效和经济效益达到最佳。

4. 综合权重计算

在复杂系统分析，如地源热泵系统设计与评估中，单一的评价方法往往难以充分捕捉所有相关的动态和变量。这种单一方法带来的误差可能会影响最终决策的准确性和可靠性。为了提高评价的精确度，综合运用多种方法进行权重计算成为一种必要的策略。本书结合层次分析法和非结构性模糊赋权法的结果，采用乘法合成归一化法对指标权重进行综合计算，以确保评估结果的稳健性和可靠性。层次分析法和非结构性模糊赋权法都是在多准则决策分析中广泛使用的权重确定方法，各有其独特的优势和局限。层次分析法以其结构化的决策过程和易于操作的特性，使决策者能够通过构建层次结构模型并进行成对比较来评估各因素的重要性。非结构性模糊赋权法能够处理决策过程中的不确定性和模糊性，通过定性和定量相结合的方式确定权重。这两种方法在实际应用中往往都存在误差，这些误差源自主观判断的偏差以及方法自身的局限性。

为了弥补单一方法的不足，综合求权方法——乘法合成归一化法应运而生。这种方法通过结合两种或两种以上方法的结果，对各单一方法下得到的权重进行归一化处理，再进行乘法合成，最后将得到的结果归一化，以确保权重的合理分配。具体来说，首先对每种方法得到的权重进行归一化，确保所有权重值的总和为 1；其次对对应的权重值进行乘法操作，将每种方法得到的权重相乘，得到一个初步的综合权重值；最后对这些综合权重值进行归一化处理，得到最终的权重分配结果。

以重庆市浅层地温能资源开发利用规划为例，通过应用综合权重计算方法，不仅提高了确定的权重的准确性，还增强了结果的可信度。这

种综合方法特别适用于涉及多个重要指标和变量的复杂决策环境，如绿色建筑中的地源热泵系统设计。通过这种方法，可以得到更为科学和合理的权重分配，指导地源热泵系统的优化配置和实施，从而最大化其环境效益和经济效益。

5. 基于综合指数法的综合评价

基于综合指数法的综合评价是一种科学的评估方法，特别适用于分析和评价复杂系统中多个因素的综合影响。在绿色建筑领域，尤其是在地源热泵系统的应用中，此方法能够综合考虑各种影响因素，为决策者提供一个量化的、易于理解的决策支持工具。这种方法不但提高了评价的准确性和可靠性，而且通过提供明确的数值输出，帮助相关利益方对资源的分配和优化配置做出更为科学的决策。

在基于综合指数法进行评价时，首先要对评估指标进行标准化处理。这是因为在多因素评估系统中，各指标往往具有不同的类型和量纲，直接比较和计算会导致结果的不准确。通过将所有指标数据转换为一个统一的比例尺度，可以确保不同类型和量纲的数据在同一评价体系内进行比较和计算。例如，通过将重庆市的浅层地温能资源量、用地情况和公建比例等因素赋予 1 至 9 的分值，其中分值越高表示该因素越有利于浅层地温能的开发利用，反之则不利于浅层地温能的开发利用。

进行标准化处理后，接下来是评估等级的设定。这一步骤涉及将得出的分数根据预定的标准进行分类，从而对不同区域或因素进行分级管理。在重庆市浅层地温能的案例中，可以设定如下等级：分数大于等于 5.5 的区域划为大力发展区，这些区域的地温能资源丰富且经济发展状况良好，具有高利用潜力；分数为 4.5 ～ 5.5 的区域为鼓励发展区，这些区域的资源和经济状况较好，有一定的开发潜力；分数小于 4.5 的区域划为一般发展区，这些区域的资源和经济条件相对一般，开发优先级较低。通过这种方式，基于综合指数法的评价不仅能提供一个清晰的视角来审视不同区域的开发潜力，还能够指导资源的合理配置。此外，该方法的应用还能够揭示不同评价指标之间的相互作用和综合影响，从而为政策制定和项目实施提供科学依据。例如，通过对重庆市不同区域的综合评价，可以更好地理解地源热泵技术在实际城市环境中的适应性和效益，进而制定更加具有针对性的支持政策和实施策略。

5.2.2 重庆市主城区浅层地温能开发利用综合分区及建议

1. 浅层地温能开发利用综合分区

在重庆市进行浅层地温能开发利用的过程中，合理的综合分区划分策略是确保资源高效利用和环境保护的关键。通过对重庆市地质条件、浅层地温能资源情况及城市建设和未来规划的详细分析，结合综合指数法的评价结果，可将该市的主城区划分为三个主要开发区域，即大力发展区、鼓励发展区和一般发展区。这种分区策略充分考虑了各区域的地温能资源丰富度、经济发展状况和资源利用潜力，为地源热泵技术的应用提供了科学的指导。

大力发展区主要包括悦来、唐家沱、南坪、李家沱、西永和茶园六个组团，这些区域共计 530 m^2，占总规划面积的 31.74%。这些区域之所以被标识为大力发展区，是因为这里的浅层地温能资源非常丰富，同时经济发展状况良好，资源开发利用的潜力巨大。政策制定者和开发者应当在这些区域加强浅层地温能技术的开发，完善激励机制，并大力推动这些资源的开采和应用，以使地源热泵系统的环境效益和经济效益最大化。鼓励发展区包括龙兴、蔡家、人和、观音桥、沙坪坝、渝中、大杨石、大渡口和北碚九个组团，总面积达到 611 m^2，占总规划面积的 36.59%。这些区域的浅层地温能资源也比较丰富，经济发展状况较好，资源的利用潜力较大。在这些区域，政府和开发者应鼓励浅层地温能的开发和利用，结合当地具体的发展情况，通过政策支持和技术创新，促进这些资源的有效利用。一般发展区包括鱼嘴、空港、水土、礼嘉和界石等七个组团，面积共 443 m^2，占总规划面积的 26.52%。虽然这些区域的浅层地温能资源相对丰富，但区域经济发展相对一般，因此被划为一般发展区。在这些地区，应当结合当地的实际发展情况适当发展浅层地温能，采取稳妥的技术和管理策略，确保资源的可持续利用。

除此之外，还有一些特殊区域，如重要的交通、水利和军事设施周边以及珍贵文物保护区域，应根据国家相关规定限制开发地下资源。这些区域包括部分沿江区域及生态绿地，总面积约 86 m^2，占总规划面积的 5.15%。在这些区域，由于地下空间地质环境复杂、现有地面及地下建设对地下空间的可利用性影响较大，应严格控制浅层地温能资源的开采活动，防止对环境和文化遗产造成不可逆的损害。

通过这样的综合分区策略，重庆市可以更科学地规划和利用其浅层地温能资源，同时保护生态环境，促进经济社会的可持续发展。这不仅为重庆市提供了一套行之有效的资源管理方案，还为其他城市进行类似资源的开发利用提供了宝贵的参考和经验。

2. 开发利用规划建议

在重庆市浅层地温能资源的开发和利用方面，基于对主城区资源状况和城市发展状况的深入调查分析，本书提出一系列具体建议，旨在最大化地源热泵系统的效能，同时确保其可持续运营与环境保护。

根据大力发展区的情况，浅层地温能资源的开发利用应当得到优先考虑。这些区域因其丰富的地温能资源和有利的经济环境，为地源热泵技术的应用提供了理想条件。因此，建议在经济允许的条件下，优先在这些区域布设地源热泵系统。具体来说，设计和实施阶段应确保技术方案能够充分利用当地的地温能资源，同时符合城市的长期发展规划和环境保护标准。在这些区域，地源热泵系统的推广和应用不仅能够提高能源利用效率，还能够促进当地经济的可持续发展。

鉴于重庆市地下空间的复杂性，地源热泵系统的开发必须建立在全面和准确的地质调查基础上。这包括对地下空间结构的详细分析，尤其是在被划为限制开采区的地区，如渝中、沙坪坝、南坪、大杨石、大渡口和茶园组团的沿江区域。在这些区域，由于地质环境的特殊性和城市基础设施分布密集，任何地源热泵系统的设计和开发都必须严格控制，以免对现有地下和地面结构造成破坏。因此，建议在进行任何开发活动之前进行深入的地质和环境影响评估，确保所有开发活动都不会对这些敏感区域的生态和环境安全构成威胁。

考虑到重庆市的冷热负荷不平衡问题，在地源热泵系统设计时需要采取特定措施来调整冷热负荷需求比例。由于地源热泵系统在冬季和夏季的运行模式不同，不恰当的负荷分配可能会导致土壤温度的长期变化，进而影响系统的效率和使用寿命。建议通过使用先进的控制技术和负荷管理策略，如采用季节性储能系统来平衡冷热需求。这不仅有助于提升系统的整体效率，还可以减少对土壤环境的负面影响，保障系统的长期稳定运行。

建议政府和相关部门建立相应的支持政策和激励机制，鼓励地源热泵技术在适合的区域广泛应用。这应包括财政补贴、税收优惠、技术支持和培训等措施，以降低初期投资成本，提高项目的经济可行性。同时，还应加强公众的环保意识和能源教育，提高地源热泵技术的社会接受度和市场渗透率。

通过这些综合性的开发利用规划建议，不仅可以有效推动重庆市浅层地温能资源的合理开发和高效利用，还能为城市的可持续能源系统和环境保护贡献力量。

5.3 重庆市地源热泵系统

重庆市作为一个气候多变的城市，其地质条件和建筑类型多样，这对地源热泵系统的运行产生了显著影响。通过监测分析，可以发现地源热泵系统在不同气候条件下的性能表现差异，以及在不同地质条件下的

土壤温度变化规律。此外，不同建筑类型的办公楼对地源热泵系统的运行也会产生不同的影响，如建筑结构、隔热性能等因素会影响系统的能效。通过本章的研究，可以为重庆市及其他类似地区地源热泵项目的设计提供宝贵经验。针对不同地区的气候特点、地质条件和建筑类型，可以制定相应的优化设计方案，提高地源热泵系统的能效，实现能源的有效利用和环境保护的双重目标。这对于推动地源热泵技术在重庆市及其他地区的应用具有重要意义，也有助于促进能源可持续发展和建设绿色低碳城市的目标的实现。

5.3.1　地埋管地源热泵系统

地埋管地源热泵系统是一种利用地下浅层地温能的高效能源利用系统。其工作原理是通过地埋管换热系统，利用地下岩土层或地下水与传热介质（通常是水或乙二醇水溶液）之间的温差进行热交换，从而实现供暖和制冷。

在地埋管地源热泵系统中，传热介质（水或乙二醇水溶液）通过密闭的地埋管（竖直或水平埋设）循环流动，当其流经地下岩土层或地下水时，会吸收或释放热量。在冬季，地埋管吸收地下岩土层或地下水中的热量，将其传递至热泵系统，经过热泵系统的处理后，向建筑物内部供暖；而在夏季，地埋管则吸收建筑物内部的热量，经过热泵系统处理后将其排放至地下，实现制冷。

地埋管地源热泵系统具有诸多特点。首先，它是一种环保节能的能源利用系统，利用了地下的恒定温度，减少了对传统能源的依赖，降低了能源消耗和碳排放。其次，系统运行稳定可靠，不受气候变化的影响，能够持续、稳定地供暖或制冷。地埋管地源热泵系统的安装维护成本相对较低，具有较长的使用寿命和较少的维护保养需求。该系统不受地域限制，适用于各种地质条件和建筑类型。

地埋管地源热泵系统作为一种绿色环保的供暖和制冷系统，在全球范围内日益受到重视，特别是在城市，如重庆这样地质和水文条件复杂的地区，地埋管地源热泵系统提供了一种可持续发展的能源解决方案。该系统虽然在初期投资和占地面积方面面临挑战，但其环保性、高效节能特性以及较低的长期运行成本使其成为未来城市发展的重要技术选择。地埋管地源热泵系统通过在地表下钻凿多个钻孔，并在其中布置具有一定强度、抗腐蚀性和良好传热性能的密闭循环管道，来实现与地下岩土体或地下水的热交换。这些循环管通常连接成网，最终接入建筑内的热泵机组。在夏季，这些管道中的工质吸收室内的热量，通过地下的冷却作用释放热量，从而降低室内温度；而在冬季，系统则逆向操作，从地下吸热，从而提高室内温度。与地下水地源热泵系统相比，地埋管系统热交换效率通常较低，这主要是因为地埋管系统主要通过传导来散热或吸热，而地下水系统则通过对流。对流的热交换效率通常高于单纯的传导，因此地下水系统在某些情况下可能更为高效。然而，地埋管系统不需要抽取地下水，这在理论上降低了对地下水资源的依赖，也减少了对环境的干预，这一点在水资源短缺或需保护的地区尤为重要。地埋管系统的另一个挑战是初期投资和占地面积较大。系统需要在地下布置大量的管网，这不仅增加了工程的复杂性，还需要较大的空间来安装这些管道。这些管道通常被安装在不会对正常使用造成影响的地区，如绿地、道路、停车场或学校操场下。尽管如此，这种大面积的地下工程可能在人口密集或土地使用受限的城市中心区域遇到障碍。

5.3.2 地表水源热泵系统

地表水源热泵系统作为一种高效的能源利用系统，充分利用了地下水的温度恒定特性进行热能交换，从而实现供暖和制冷的双重功能。这种系统的核心在于它可以在不同季节中，依靠地下水的稳定温度为建筑提供所需的热量或冷量，有效地将自然资源转化为日常生活和生产活动中必需的能量。

在地表水源热泵系统中，地下水的作用至关重要。地下水位于地表以下，由于地球深层土壤或岩石层有隔热效果，全年温度变化极小，这一特性使地下水成为理想的热交换介质。在夏季，系统通过抽取地下水至地面，利用其与热泵系统中的冷凝器进行热交换，地下水吸收冷凝器中的热量，使冷凝器温度降低，进而通过系统的其他组成部分将冷气输送到建筑内部，达到制冷目的。而在冬季，操作过程恰好相反，系统将地下水抽取到地面后，会将蒸发器释放的低温热量吸收，然后通过系统加热并输送到建筑内部，从而提供暖气。

这种地表水源热泵系统的循环过程是完全封闭的，这意味着使用过的地下水将被重新注入相同的水层，保证了水资源的可持续利用，也避免了可能对地下水层造成的污染。这种闭环循环系统不仅提高了能源使用的效率，还有助于保护环境，减少对自然资源的侵扰。

从经济和环保的角度来看，地表水源热泵系统展现出显著的优势。首先，由于地下水的温度稳定，这种系统比传统的供暖和制冷设备的运行更加高效，能够在消耗更少能源的同时，提供相同或更好的温控效果。其次，系统在运行过程中几乎不产生任何排放物，对空气质量没有负面影响，这为当前日益严峻的全球环境问题提供了一种解决方案。

地表水源热泵系统的建设和维护也需要注意一些关键问题。例如，系统的设计和安装必须考虑到地理条件和地质条件，不同地区地下水的可达性和质量可能影响系统的效率和可行性。此外，系统需要定期检查和维护，以确保热交换效率不因管道堵塞或设备老化而降低。

5.4　重庆市浅层地温能开发的典型案例

本项目在重庆某办公楼采用地源热泵系统，地下埋管换热器提供冷热源，实现太阳能资源的跨季节调控应用，明显降低空调主机系统的夏季冷凝温度、提高冬季的蒸发温度，以大幅度降低空调主机系统的能耗。基于上述目的，该项目采用双 U 型竖直地下埋管、埋管深度 100 m 的地源热泵空调系统，为某楼 1F ～ 3F 的空调系统提供冷热源，同时为 4F 以上的职工住宅提供生活热水。由于重庆市区域地质条件是以基岩为主（砂岩、泥岩、灰岩，换热层一般在 100 m 以内），第四系覆盖层很薄，一般情况在 3 ～ 5 m，特殊情况为 20 m 以内。基岩的导热系数在 2.55 W/(m·K) 以上。因此区域地质岩性为地埋管换热（冷）提供了很好的基础条件及热物性，很适合采用地埋管系统换热（冷）。

高档楼盘（小区）要求房间温度冬季控制在 18 ～ 20 ℃，夏季控制在 26 ～ 28 ℃，以使人们在室内感到舒适。传统空调如果达到这个要求，将会消耗大量电能，与当今提倡的建筑节能理念相违背。传统空调的风机噪声较大，加上夏季有热风吹出，会对环境造成一定的影响。而地源空调是在地下岩层中换热，地表无热气排放、噪声很小，并且节能 40% 以上，因此高档楼盘采用地源热泵空调后能提升楼盘（小区）品位。

本方案是采用了地源热泵和卫生热水并用的复合式系统。埋管系统全年开启，夏季地下埋管提供夏季所需要的冷量和住宅建筑需要的卫生热水；过渡季节地下埋管只提供所需要的卫生热水；冬季地下埋管系统提供建筑所需要的热量和住宅建筑所需要的卫生热水。这样可以解决由于夏季排热量和冬季取热量的不相等而影响地源热泵系统的长期运行效果的问题。

水源热泵机组在制冷的时候要将大量的冷凝热作为废热排放到土壤中，该机组采用热回收技术回收制冷时产生的余热，加热生活热水，费用低廉，甚至能实现免费供热，为用户节约大量热水费用。机组内置独立的热回收回路，用户也可以独立加热热水。该系统选择的主要设备如表 5-1 所示。

表5-1　地源热泵设备选型表

序　号	名　称	参　数	台　数	备　注
1	地源热泵机组	制冷量为 285.8 kW；制热量为 298.2 kW	1	带热回收型机组
2	地源热泵机组	制冷量为 339.7 kW；制热量为 352.1 kW	1	带热回收型机组
3	容积式热交换器	HRV01-1.2 换热量 1.2 MW	2	
4	生活热水泵	IR50-32-250 流量 6.3 m^3/h，扬程 20.0 m，电功率 1.5 kW	2	
5	冷冻水泵	IS100-65-315 流量 60 m^3/h，扬程 30 m，电功率 15 kW	2	
6	冷却水泵	IS80-50-200B 水量 70 m^3/h，扬程 32 m，功率 7.5 kW	2	
7	水处理器	JY-4 功率 35 W	2	

5.4.1　围护结构体系

该办公楼建筑面积 38 485.58 m^2，所在地属于夏热冬冷地区。建筑的体形系数与窗墙面积比如表 5-2 所示。

表5-2　建筑体形系数与窗墙面积比

方　位	外表面积（m^2）	外窗（透明幕墙、屋顶透明部分）面积 /（m^2）	窗（包括透明幕墙）墙面积比或屋顶透明部分面积与屋顶面积之比
东			0.25

续 表

方 位	外表面积（m^2）	外窗（透明幕墙、屋顶透明部分）面积 /（m^2）	窗（包括透明幕墙）墙面积比或屋顶透明部分面积与屋顶面积之比
南			0.19
西			0.25
北			0.13
屋顶面积			
汇总			
体积（m^3）	75 096.77		
体形系数	0.27		

体形系数小于 0.40，各个朝向的窗（包括透明幕墙）墙面积比均小于 0.70，屋顶透明部分面积与屋顶面积之比小于 20%。

5.4.2 空调冷热负荷计算

办公楼 1 ～ 3 层的建筑面积为 6 368 m^2，本项目对该部分采用地源热泵空调系统（1 层为商场，2、3 层为办公楼），同时为 4 层以上的职工住宅提供生活热水。经过计算得空调系统的设计热负荷为 298 kW，设计冷负荷为 605 kW。

采用 DeST 能耗模拟分析软件对全年能耗进行模拟，模型比例为 1 ∶ 1。该建筑最大冷负荷的 70% ～ 100% 部分负荷运行时间为 144 h，最大冷负荷 60% ～ 70% 的部分负荷运行时间为 157 h，最大冷负荷 50% 的部分负荷运行时间为 239 h，最大冷负荷 40% 的最大负荷运行时间为 287 h，最大冷负荷 30% 的部分负荷运行时间为 408 h，最大冷负荷 20% 以下的部分负荷运行时间为 1 633 h，总计 2 868 h。

5.4.3　供冷供热系统方案比较

空调系统根据房间输送冷热量的介质不同，以及空调机组使用的能源及热源的不同有很多种形式，如空气源热泵冷热水机组系统、空气源热泵冷水机组加热水锅炉系统、直燃型溴化锂冷热水机组系统、空气源风管式热泵机组系统、水环热泵机组系统、变制冷剂流量热泵机组系统、地源热泵空调机组系统等。在此，主要对空气源热泵冷热水机组系统、螺杆式冷水机组加锅炉系统和地源热泵空调机组系统三个进行比较。

在本工程中还需提供生活热水，卫生热水的每人每日用水定额根据重庆市轻工设计院提供的数据计算，得到全楼每日卫生热水用水量是 62 m^3。

1. 空气源热泵冷热水机组系统

空气源热泵冷热水机组属于空气—水热泵机组。空气侧换热器夏天作为冷凝器使用，通过室外空气排走制冷系统的冷凝热；冬天作为蒸发器使用，从室外空气中吸取低位热能，经制冷压缩机提高温度后作为冬季的供热热源。机组水侧换热器夏、冬分别提供冷、热水，由管路输送到末端装置。在末端装置处，冷热水与室内空气进行冷热交换，产生冷热风，从而达到夏季供冷和冬季供热的目的。

2. 螺杆式冷水机组＋热水锅炉系统

传统的空调主要分为两个水环路。螺杆式冷水机组制冷产生冷冻水，由冷冻水泵送至分水器，再由分水器分成几个支路，最后进入末端装置。冷冻水吸热后进入集水器，最后再进入冷水机组，形成冷冻水环路。冷水机组产生的热量则由冷却水经过冷却水泵送入冷却塔，散发到室外，经冷却后的冷却水又进入冷水机组吸收热量，形成冷却水环路。供热系统的管路和末端与制冷系统是完全一样的，不同的是热量完全由热水锅炉系统供给。

3. 地源热泵空调系统

地源热泵是将大地中的低品位热源作为能源的热泵系统。冬季通过热泵将大地中的低品位热能提取到室内，对建筑供暖；同时将冷量储存在大地中，以备夏季制冷用。夏季则通过热泵将建筑物内的热量转移到大地中，对建筑供冷，同时将热量储存在大地中，以备冬季供暖用。

地源热泵空调系统的优点如下：

（1）换热器（埋地盘管）埋于地下，无室外装置，可使建筑物外部保持美观，同时降低腐蚀和气候变化对热泵系统的影响。

（2）可在同一建筑物内根据不同区域的需要进行制冷或供暖，可供暖、制冷和供应生活热水，具有经济性。

（3）地下换热器与土壤换热不受外界环境的影响。由于土壤温度全年波动很小，地源热泵系统的运行效率比传统空调系统高 40% ～ 60%，并且能耗少，运行工况稳定，比传统集中式空调系统节省 30% ～ 60% 运行费用。

（4）利用土壤的蓄热能力，将夏季空调房间中的热量排入土壤，冬季供暖时取用；将冬季供暖房间中的冷量排入土壤中，夏季制冷时取用。这样可满足冬夏两季供暖与制冷的需求，而且不会造成热污染及噪声污染。

（5）地下换热器不需除霜，减少了冬季除霜的能耗。

（6）埋地盘管的使用寿命达 50 年，安装工期短，工艺简单。

（7）克服了传统集中式空调系统每年必须停机检修的缺点，运行维护容易，可满足常年运行的要求。

（8）由于地源热泵系统充分地利用了储存于土壤中的太阳能，实际是对太阳能的二次利用，为绿色、环保、可持续发展的空调系统开辟了新途径。

本方案是采用了地源热泵和卫生热水并用的复合式系统。埋管系统全年开启，夏季地下埋管提供冷量和住户需要的卫生热水；过渡季节地下埋管只提供住户所需要的卫生热水；冬季地下埋管系统提供热量和住

户所需要的卫生热水。这样可以解决由于夏季排热量和冬季取热量的不吻合而影响地源热泵系统的长期运行效果的问题。

水源热泵机组在制冷的时候要将大量的冷凝热作为废热排放到土壤中，该机组采用热回收技术，回收制冷时产生的余热，加热生活热水，费用低廉，甚至能实现免费供热，为用户节约大量热水费用。机组内置独立的热回收回路，可独立加热热水。

4. 三种方案运行费用比较

根据空调设计方案，对地源热泵系统、风冷热泵系统和螺杆式冷水机组 + 热水锅炉系统进行运行对比分析。假设夏季运行时间为 150 d，冬季运行时间为 90 d；电价为 0.52 元 /(kW·h)；每天运行时间为 10 h。

空调系统运行中，95% 的时间在部分负荷下运转，所以部分用电负荷用电特性决定耗电量即系统电费的开支。在本工程中空调系统夏季按照 5 个月计算，每个月按照 30 d 计算，每天空调的使用时间平均 10 h；冬季按照 3 个月计算，每个月按照 30 d 计算，每天空调的使用时间平均 10 h。由于室外环境温度和室内负荷的变化，可以认为空调运行时间的 5% 为满负荷，负荷 80% 的部分运行时间为 25%，负荷 60% 的部分运行时间为 40%，负荷 40% 的部分运行时间为 20%，负荷 30% 以下的部分负荷运行时间为 10%。

5. 热水费用

按照规范要求：冬季水温以 7 ℃计算，时间以 90 d 计算；夏季水温以 25 ℃计算，时间以 150 d 计算；过渡季节水温以 18 ℃计算，时间以 125 d 计算。卫生热水的供水温度是 55 ℃。

夏季的卫生热水供应时，由于地源热泵机组采用了热回收型机组，回收了一部分热量，可以在满足住户生活用水需要的同时，改善地下埋管换热器的换热性能。

经过计算比较可以看出地源热泵系统、风冷热泵系统、螺杆式冷水

机组 + 热水锅炉的初投资分别是 502.8 万元、251.2 万元、244.5 万元；三种方案的空调运行费用分别是 16.7 万元、28.4 万元、26.3 万元；三种方案全年卫生热水的费用分别是 6.4 万元、13.0 万元、13.0 万元。

地源热泵的冷热源温度一年四季相对稳定，冬季比环境空气温度高，夏季比环境空气温度低，这种温度特性使得地源热泵系统比传统空调系统运行效率高 40% ～ 60%。地温较恒定的特性使热泵机组运行更可靠、稳定，这也保证了系统的高效性和经济性，比常规中央空调系统节省运行费用 40% 左右。

通过监控制冷主机设备、新风机组、风机盘管的运行状态，检测制冷主机进、出口水温和流量，根据大楼空调总负荷自动控制制冷主机及冷温水泵的开启台数，控制各制冷主机及冷温水泵的启、停等来实现空调系统的节能。

5.4.4 项目运行数据测评

项目建设完成，运行稳定后委托专业机构进行测评，具体运行数据如表 5-3 至表 5-8 所示。

表5-3 空调系统制冷能效比检测结果

项　目	系统参数
冷冻水供 / 回水平均温度（℃）	8.5/11.5
地源侧进 / 出水平均温度（℃）	26.8/29.9
系统冷冻水流量（m^3/h）	132.3
系统能效比（kW·h/kW·h）	3.23
室内平均温、湿度	26.4℃，61.0%
室外平均温、湿度	23.97℃，46.0%

表5-4　空调系统制热能效比检测结果

项　目	系统参数
热水供 / 回水平均温度（℃）	47.2/44.7
地源侧进 / 出水平均温度（℃）	20.5/18.3
系统热水流量（m^3/h）	132.2
系统能效比（kW·h/kW·h）	3.04
室内平均温、湿度	20.01/51.68
室外平均温、湿度	10.83/79.53

表5-5　生活热水系统制热能效比测试结果

项　目	系统参数
热水供 / 回水平均温度（℃）	50.81/48.32
地源侧进 / 出水平均温度（℃）	27.37/25.85
生活热水流量（m^3/h）	55.48
地源侧水流量（m^3/h）	64.32
系统能效比（kW·h/kW·h）	3.00

表5-6　空调机组制冷能效比检测结果

项　目	空调机组
冷冻水供 / 回水平均温度（℃）	9.0/11.9
地源水侧进 / 出水平均温度（℃）	27.1/30.1
冷冻水流量（m^3/h）	132.7
能效比（kW/kW）	4.34

表5-7 空调机组制热能效比检测结果

项 目	空调机组
热水供 / 回水平均温度（℃）	47.2/44.7
地源侧进 / 出水平均温度（℃）	20.5/18.4
热水流量（m^3/h）	132.4
能效比（kW/kW）	4.32

表5-8 生活热水热泵机组制热能效比测试结果

项 目	热水机组
热水供 / 回水平均温度（℃）	50.83/48.32
地源侧进 / 出水平均温度（℃）	26.86/25.36
热水流量（m^3/h）	55.63
地源侧水流量（m^3/h）	64.22
能效比（kW/kW）	3.89

通过评测，该项目实施效果较好，达到示范效果，全年常规能源替代量为 246.2 t 标准煤，每年 CO_2 减排量为 608.1 t，SO_2 减排量为 4.92 t，粉尘减排量为 2.46 t，节约费用 254 542.7 元，静态回收年限为 6.8 年。

总之，在重庆某办公楼采用的地源热泵系统利用地下埋管换热器来提供冷热源，显著提升了建筑的能源使用效率。该系统不仅利用了地下稳定的温度，还通过太阳能的跨季节调控，实现了能源利用的最大化，这一创新的能源解决方案在实际操作中表现出了良好的运行效果。该系统通过使用双 U 型竖直地下埋管，有效地利用地下的温度稳定性来供应冷热能。这种设计使夏季冷凝温度得以降低，而冬季的蒸发温度则得到了提高。这种温度调节直接使整个空调主机系统能耗大幅度降低。据评估，其节能效果达到了 40% 以上，这在传统空调系统中是难以实现的。

该办公楼地源热泵系统的一个重要特点是其能够为建筑提供跨季节的能量储存。夏季多余的冷能可以存储于地下，用于冬季供暖，而冬季多余的热能则可储存下来，用于夏季制冷。这种能量的回收使用不仅提高了能源的利用效率，还降低了能源消耗和相关成本。系统中的水源热泵机组在制冷时将冷凝热当作废热排放到土壤中，通过热回收技术，再回收这些废热用于加热生活热水，实现了能耗的进一步降低。用户在使用过程中几乎不需支付额外的热水费用，对用户极具吸引力。

由于地源热泵系统在地下岩层中进行换热，与传统空调系统相比，其热排放和产生的噪声对外界环境的影响极小，这不仅保护了周边环境，还提升了办公楼本身的环境质量，使室内环境更加舒适。经过模拟和实际应用的统计，地源热泵系统展示了优异的运行效率。在全年运行中，系统维持在较低的能耗水平，尤其在高负荷时段，系统的高效能有效缓解了电力负荷压力，证明了运用地源热泵技术，有利于满足绿色建筑对环保和能源效率的高要求。

第 6 章　结论与展望

6.1　结论

本书对绿色建筑中浅层地温能利用策略与实践进行了全面的研究和阐述，通过详细分析浅层地温能的基本概念、开发利用技术、关键技术及相关技术在绿色建筑中的应用策略，得出以下重要结论。

6.1.1　浅层地温能的基本特性与优势

浅层地温能，作为一种重要的可再生能源，近年来在全球范围内得到了越来越多的关注和应用。这种能源利用地球浅层土壤或岩石层中的稳定温度，提供可靠的供暖和制冷服务，是减少对传统能源的依赖和解决环境污染问题的有效途径之一。尤其在追求可持续发展和绿色建筑的今天，浅层地温能凭借其独特的优势和特性，成为能源利用领域的一个热点。

不同于太阳能和风能这样受天气和地理位置影响较大的可再生能源，地温能源自地表下几米到几十米的土壤或岩石层中，这些地层的温度相对稳定，不会因季节变换而有大的波动。这种温度的稳定性使地温能成为一个非常可靠的能源供应方式，尤其适合需要持续稳定能源供应的场所，如医院、学校和住宅区等。

使用浅层地温能进行供暖和制冷，不需要燃烧化石燃料，因此可以大大减少温室气体的排放和其他污染物的产生。这对于缓解气候变化问题和改善空气质量具有重要意义。利用地温能的地源热泵系统在运行过程中噪声低、无明显机械运动部件，对周围环境的干扰极小，这使其在城市和居民区的应用具有极大的环境和社会效益。

经济效益方面，虽然浅层地温能的初期投资相对较高，包括安装地源热泵系统的成本，但由于其运行效率高，维护成本低，长期来看具有显著的经济优势。地源热泵系统的能效比一般高于传统的供暖和制冷系统，这意味着在相同的能源输出下，地温能系统的能源消耗更低。此外，这种系统的使用寿命长，一般可以达到几十年，因此在整个使用周期内的总成本是非常具有竞争力的。

浅层地温能的应用还有助于减少对传统能源的依赖。随着化石燃料资源的逐渐枯竭和能源价格的波动，开发和利用可再生能源成为全球能源战略的重要组成部分。浅层地温能作为其中的一员，可以为能源多样化和能源安全提供支撑，减少外部能源供应中断对经济和社会活动的影响。

6.1.2　技术开发与应用

地源热泵技术作为实现浅层地温能高效利用的核心技术，已经成为全球绿色建筑和可持续能源解决方案的重要组成部分。通过充分利用地下的恒温特性，地源热泵技术能够提供一种既环保又高效的供暖和制冷方法。本书深入探讨了地源热泵的工作原理、系统设计、性能优化以及实际应用案例，旨在为读者提供全面的技术解析和实用的应用指导。

地源热泵技术利用较低温度源（地下水或地表下的土壤）与高温环境之间的温度差来进行能量转换。地源热泵系统主要由热泵单元、地下热交换器（如埋地管或水井）和内部空气循环系统组成。在冬季，热泵单元从地下的恒温环境中吸热，通过压缩机加热后输送到室内，提供暖气；而在夏季，系统则抽取室内的热空气，将其释放到地下，从而达到制冷的效果。这种利用地温进行加热和制冷的过程，不但能效高，而且极为环保，几乎无任何碳排放。

一个优良的设计应考虑地质条件、气候特性、建筑需求和能源效率等因素。地下热交换器的设计尤其重要，它直接影响系统的总体效能和运行成本。设计师需根据地区的土壤类型、水文地质情况及地温分布特征，合理选择埋管深度和长度，确保热交换效率最大化。此外，系统的规模和配置需要精确计算，以适应不同建筑的供暖和制冷需求，从而实现能源的最优化使用。

随着科技进步，新材料、新工艺的应用使得地源热泵系统的能效不断提高。同时，智能控制技术的整合使系统运行更加精准高效，如实时监控土壤温度和湿度，自动调整系统参数，以适应外界环境变化，显著提升系统的整体性能和用户的舒适度。

6.1.3 绿色建筑的实施策略

在当今社会，随着全球气候变化和能源危机的加剧，绿色建筑已成为全球建筑行业的重要发展方向。绿色建筑不仅关注建筑物本身的能效和对环境的影响，还关注使用过程中的能源消耗和对生态环境的影响。在众多的节能技术中，将浅层地温能技术与绿色建筑设计相结合，已被证实是提高建筑能效和保护环境的有效策略之一。这种策略不仅能优化建筑的能源结构，还能促进可持续发展目标的实现。

浅层地温能技术，尤其是地源热泵系统，因其利用地下恒定温度来进行加热和制冷的特性，已成为绿色建筑中推广最广的可再生能源技术之一。地源热泵系统能够在冬季从地下吸热提供暖气，在夏季则从建筑内部抽取热量，释放到地下，从而达到制冷的效果。这种系统运行高效、稳定且对环境影响小，完全符合绿色建筑的核心理念。将浅层地温

能技术与绿色建筑设计结合的关键在于系统的设计和集成。一个有效的地源热泵系统需要根据建筑物的具体条件和环境特征进行设计。设计师需要考虑地理位置、土壤条件、地下水流动性及地下水的化学特性等因素，这些因素都直接影响系统的热交换效率和长期运行的可靠性。例如，设计时应选择适合当地地质条件的热交换器类型（如水平或垂直埋管），以及确保系统大小和容量能够满足建筑的热负载需求。为了最大化地源热泵系统的效益，还需要在建筑设计阶段就考虑其与建筑其他系统的集成。系统的热泵单元应该与建筑的 HVAC 系统紧密集成，确保能量的最优转换和分配。在建筑的屋顶或墙体安装太阳能光伏板，可以为地源热泵系统提供部分或全部所需的电力，进一步提高能源自给自足率，减少对外部电网的依赖。

6.2　展望

与传统的化石燃料供暖和空调系统相比，浅层地温能具有显著的环保和经济优势，这使其在未来的绿色建筑中具有广阔的发展前景。

第一，浅层地温能在未来绿色建筑中的利用将更为广泛和深入。随着科技的进步和技术的成熟，地源热泵系统的效率不断提升，其应用场景也在不断丰富。目前，浅层地温能主要用于单体建筑的供暖和制冷，但未来有望在社区甚至整个城市范围内得到更广泛的应用。例如，通过建设大规模的地源热泵系统，可以为整个社区提供集中的供热和制冷服务，从而大幅度降低能耗与碳排放。

第二，浅层地温能将得到更多的政策支持，市场需求将更大。随着政策和法规的趋严，未来绿色建筑将更加注重可持续发展和环境保护。各国政府已经或正在制定强制性和鼓励性的节能减排政策，推动建筑行业向绿色、低碳方向发展。在这一过程中，浅层地温能作为一种高度可再生能源和低碳能源，将得到更多的政策支持，市场需求将更大。

第三，浅层地温能的利用技术将不断发展创新。未来的绿色建筑设计将更加智能化和系统化，浅层地温能的应用将因此迎来新的机遇。随着物联网技术、大数据技术和人工智能技术的发展，建筑能源管理系统将变得更加智能，可以实现动态调控和优化。通过智能控制系统，地源热泵系统能够根据实际需求和环境条件自动调整运行参数，提升能效，从而进一步提升系统的节能效果和舒适度。

浅层地温能利用技术的研发和创新也将不断推进，为未来绿色建筑发展提供更有力支撑。例如，新的钻探技术和材料的应用，将降低浅层地温能系统的建设成本，提高施工效率。又如，新型地源热泵机组和传热介质的开发，将进一步提高系统性能，延长使用寿命，减少维护成本。这些技术进步不仅使浅层地温能在经济性上更具竞争力，还为其大规模推广应用提供了有力的支持。

第四，浅层地温能还将与其他可再生能源，如太阳能、风能和生物质能等相互补充，形成能源体系，为人们提供综合能源解决方案，更好地满足人们对能源的需求，帮助人们提升能源利用效率和环境保护效果。

总的来说，随着技术的进步、政策的支持和市场需求的增加，浅层地温能的应用将变得更加广泛和深入。作为一种清洁、高效和可再生的能源，浅层地温能在未来将有更加广阔的发展前景。

参考文献

[1] 丁勇，李百战．重庆地区地源热泵系统技术应用 [M]. 重庆：重庆大学出版社，2012.

[2] 夏才初，张国柱，孙猛．能源地下结构的理论及应用：地下结构内埋管的地源热泵系统 [M]. 上海：同济大学出版社，2015.

[3] 上海市地矿工程勘察（集团）有限公司，华东建筑集团股份有限公司．地源热泵系统工程技术标准：DG/TJ 08–2119—2011[S]. 上海：同济大学出版社，2021.

[4] 马最良，吕悦．地源热泵系统设计与应用 [M].2 版．北京：机械工业出版社，2014.

[5] 马最良，吕悦．地源热泵系统设计与应用 [M]. 北京：机械工业出版社，2007.

[6] 住房和城乡建设部住宅产业化促进中心．户式三用一体机地源热泵系统应用技术指南 [M]. 北京：中国建筑工业出版社，2014.

[7] 袁天昊．耦合低品位地热能直接供冷的复合土壤源热泵系统研究 [M]. 北京：地质出版社，2021.

[8] 中国建筑西南设计研究院．成都市地源热泵系统设计技术规程：DBJ 51/012—2012[S]. 成都：西南交通大学出版社，2014.

[9] 张昌．热泵技术与应用 [M]. 3 版．北京：机械工业出版社，2019.

[10] 黄辉．双级压缩变容积比空气源热泵技术与应用 [M]. 北京：机械工业出版社，2018.

[11] 吴荣华 , 刘志斌 , 马广兴 , 等 . 热泵供热供冷工程 [M]. 青岛 : 中国海洋大学出版社 , 2016.

[12] 中国资源综合利用协会地温资源综合利用专业委员会 . 地温资源与地源热泵技术应用论文集 : 第一集 [M]. 北京 : 中国大地出版社 , 2007.

[13] 葛鹏超 . 生命的能源 : 地热能 [M]. 北京 : 北京工业大学出版社 , 2015.

[14] 赵保卫 , 钟金奎 , 马锋锋 . 待开发的地热能 [M]. 兰州 : 甘肃科学技术出版社 , 2012.

[15] 邵益生 . 城市水系统科学导论 [M]. 北京 : 中国城市出版社 , 2015.

[16] 浙江省建设工程造价管理总站 . 绿色建筑工程消耗量定额 : TY 01-01(02)-2017[M]. 北京 : 中国计划出版社 , 2017.

[17] 王如竹 , 翟晓强 . 绿色建筑能源系统 [M]. 上海 : 上海交通大学出版社 , 2013.

[18] 张金岩 , 刘佩欣 , 张义东 . 张家口市崇礼区浅层地温能赋存特征 [J]. 中国资源综合利用 , 2024, 42 (2): 76–78.

[19] 张甫仁 , 焦小雨 , 陶嘉祥 , 等 . 重庆市主城区浅层地温能开发利用概略性规划方法研究 [J]. 重庆交通大学学报（自然科学版）, 2016, 35 (4): 88–92.

[20] 赵银鑫 , 公亮 , 吉卫波 , 等 . 宁夏银川市浅层地温能赋存条件和开发利用潜力评价 [J]. 西北地质 , 2023, 56 (5): 172–184.

[21] 李强 , 张继 , 陈思宏 , 等 . 成都市浅层地热能资源调查与评价 [J]. 沉积与特提斯地质 , 2023, 43 (2): 271–282.

[22] 柳晓松 , 张许 , 马亚弟 . 山东莒县浅层地温能开发利用适宜性分区研究 [J]. 山西冶金 , 2023, 46 (6): 126–128.

[23] 毕垒 , 柳晓松 , 张娜娜 , 等 . 基于岩溶地区地下水位移对浅层地温能开发利用的影响评价 [J]. 新疆钢铁 , 2023(2): 32–35.

[24] 杨传伟 , 仝路 , 孔铭 , 等 . 兖州区浅层地温能开发利用适宜性分区及资源

评价 [J]. 地下水 , 2023, 45 (1): 85–89, 161.

[25] 郭建峰 . H 公司经营性浅层地温能地源热泵工程后评价研究 [D]. 北京 : 北京化工大学 , 2022.

[26] 姚哈达 . 贵安新区浅层地温能赋存条件及土壤源热泵系统适宜性分析 [J]. 地下水 , 2022, 44 (6): 37–39.

[27] 王光凯 , 白云 , 刘波 . 龙口市浅层地温能潜力评价及经济环境效益分析 [J]. 矿产勘查 , 2022, 13 (10): 1533–1540.

[28] 刘欢 , 王学鹏 , 李文强 , 等 . 基于 GIS 的浅层地温能开发利用适宜性评价的应用分析 [J]. 地下水 , 2022, 44 (5): 88–90.

[29] 马天华 , 廖禄云 , 陈国辉 . 广安市主城区浅层地温能赋存特征及地下水源热泵适宜性分析 [J]. 地下水 , 2022, 44 (5): 19–23.

[30] 杨传伟 , 仝路 . 兖州区浅层地温能开发利用现状及效益分析 [J]. 中国资源综合利用 , 2022, 40 (9): 68–70.

[31] 王立艳 , 邢学睿 , 申中华 , 等 . 龙口市中心城区浅层地温变化特征 [J]. 建筑技术开发 , 2022, 49 (15): 1–3.

[32] 陈璐 . 建筑能源精准优化的研究及应用 [D]. 西安 : 西安建筑科技大学 , 2023.

[33] 邢俊浩 . 寒冷地区太阳能 – 地源热泵分时耦合系统优化研究 [D]. 张家口 : 河北建筑工程学院 , 2023.

[34] 李鹏 . 渗流对岩土体传热性能影响及热泵系统换热效率优化研究 [D]. 北京 : 中国地质大学 , 2023.

[35] 郑琛 . 中深层地源热泵回填材料导热性能对岩体传热的影响研究 [D]. 西安 : 长安大学 , 2023.

[36] 李磊 , 徐拴海 , 张卫东 , 等 . 砂土层占比对双 U 型地埋管换热器换热性能影响研究 [J]. 煤炭工程 , 2023, 55 (4): 173–179.

[37] 汪政希 , 李佩原 , 郑吉澍 , 等 . 不同水温调节系统在重庆市工厂化循环水

养鱼中的应用 [J]. 农业工程 , 2023, 13 (4): 54–59.
[38] 张甫仁 , 王乐祥 , 李雪洋 , 等 . 重庆市浅层地温能开发利用地温场变化规律研究 [J]. 重庆交通大学学报（自然科学版）, 2018, 37 (2): 76–81.
[39] 杜赛赛 , 王新如 , 张勇 , 等 . 基于 TRNSYS 的地埋管地源热泵系统土壤冷热平衡研究 [J]. 建筑节能 (中英文), 2022, 50 (12): 119–125.
[40] 唐茂川 , 陈金华 , 田昊洋 . 重庆某医疗建筑复合式地源热泵系统分析 [J]. 制冷与空调 (四川), 2022, 36 (5): 763–767.
[41] 王静海 , 胡澄 . 洼地渗流复合埋管地源热泵的应用研究 [J]. 中国水运 (下半月), 2022, 22 (10): 146–148.
[42] 谭志军 , 王勇 , 金磊 , 等 . 重庆高海拔地区地表水地源热泵系统适应性分析 [J]. 重庆大学学报 , 2022, 45 (增刊 1): 169–175.
[43] 张甫仁 , 毛维薇 , 陈明全 . 基于 Trnsys 的寒区隧道地源热泵防冻系统研究 [J]. 公路 , 2017, 62 (8): 265–269.
[44] 穆玄 , 裴鹏 , 杨斌 , 等 . 岩溶地区竖直埋管热泵系统建设成本分析 : 以某地源热泵项目为例 [J]. 建筑经济 , 2022, 43 (增刊 1): 299–304.
[45] 张浩 . 住宅建筑地源热泵 + 辐射空调系统运行策略优化研究 [D]. 南京 : 东南大学 , 2022.
[46] 余丹依 . 碳达峰视角下夏热冬冷地区城镇居住建筑低碳供暖路径研究 : 以重庆市为例 [D]. 重庆 : 重庆大学 , 2022.
[47] 唐茂川 . 重庆地区地埋管地源热泵系统换热优化及分区运行策略研究 [D]. 重庆 : 重庆大学 , 2022.
[48] 刘雨 . 基于医院建筑负荷特性的地埋管地源热泵系统运行管理研究 [D]. 重庆 : 重庆科技学院 , 2022.
[49] 关浩然 . 双 U 型地埋管换热器管间热干扰现象的分析与研究 [D]. 沈阳 : 沈阳建筑大学 , 2022.
[50] 吕雅森 . 地源热泵倾斜地埋管系统换热性能及温度场模拟研究 [D]. 郑州 :

郑州大学, 2022.

[51] 刘清政. 取热工况下地源热泵地下土体的热湿迁移试验及模拟研究 [D]. 西安: 长安大学, 2022.

[52] 崔庆岗. 层次分析法在肥城市浅层地温能地埋管地源热泵适宜性分区评价中的应用 [J]. 化工矿产地质, 2021, 43 (4): 339–346.

[53] 张甫仁, 毛维薇, 袁园, 等. 重庆市主城区浅层地温能开发利用分区方法研究 [J]. 重庆交通大学学报 (自然科学版), 2018, 37 (4): 59–64.

[54] 毛维薇. 重庆市地源热泵热堆积问题及开发利用规划研究 [D]. 重庆: 重庆交通大学, 2017.